KB252443

바다에서 찾은

희망의 밥상

바다에서 찾은 희망의 밥상
_ 바다생물의 영양과 건강 이야기

초판 1쇄 발행 2007년 12월 31일
초판 4쇄 발행 2016년 9월 29일

지은이 김혜경, 이희승
펴낸이 이원중

펴낸곳 지성사 **출판등록일** 1993년 12월 9일 **등록번호** 제10-916호
주소 (03408) 서울시 은평구 진흥로1길 4(역촌동 42-13) 2층
전화 (02) 335-5494 **팩스** (02) 335-5496
홈페이지 지성사.한국 | www.jisungsa.co.kr **이메일** jisungsa@hanmail.net

ⓒ 김혜경, 이희승 2007

ISBN 978-89-7889-170-7 (04400)
ISBN 978-89-7889-168-4 (세트)

이 도서의 국립중앙도서관 출판시도서목록(CIP)은 e-CIP 홈페이지(http://www.nl.go.kr/ecip)
에서 이용하실 수 있습니다. (CIP제어번호: CIP2007004066)

바다에서 찾은
희망의 밥상

바다생물의 영양과 건강 이야기

김혜경
이희승 지음

푸른 파도가 넘실대는 하얀 백사장에 서면 탁 트인 시원함에 더위를 잊기도 하지만, 저 멀리 끝없이 펼쳐진 수평선을 보면 어떤 아득함이 느껴지기도 한다. 1970년대에 유행했던 「바다가 육지라면」이라는 노래에도 나타나듯이 바다는 고립된 섬과 그리운 사람이 있는 머나먼 땅 사이에 가로놓인 장애물로 표현되는 경우가 많다. 동아시아의 아주 작은 반도에 살고 있는 우리는 지구본을 볼 때 누구나 한 번쯤은 진짜 '바다가 육지라면' 하는 아쉬움을 느꼈을 것이다.

또한 바다는 원초적인 공포감을 불러일으키는 무질서와 미지의 세계이기도 하다. 동서양을 막론하고 바다에 얽힌 신화나 전설이 많은 것은 접근하기 어려운 한없는 넓이와 깊이 때문이다. 사나운 폭풍우와 짙은 안개, 고운 노래로 뱃사람을 유혹하는 인어, 배를 삼키는 괴수 등 역사 속에서 깊은 바다는 언제나 '두려운 악마의 도메인'이었다.

그런데 만약 '바다가 육지라면' 어떤 일들이 생길까?

지구상에 있는 모든 생명체가 위태로울 것이다. 생명체를 자라게 하는 비와 눈의 근원도 바다에서 증발하는 물이기 때문이다. 또한 바다는 해류를 통해 더운 곳의 남는 열을 추운 곳으로 옮기고 차가운 바닷물을 따뜻한 곳으로 옮기는 거대한 온풍기이자 에어컨이다. 바닷물에는 공기 중에 있는 이산화탄소가 엄청나게 녹아들므로 지구온난화를 막아 준다. 이처럼 바다는 여러 방법으로 기후를 조절하는데, 이러한 기능이 마비되면 엄청난 재난이 닥칠 것이다.

　　그러나 우리는 먹거리에서 바다의 존재를 더 직접적으로 느낄지도 모른다. 즉, 바다에서 나는 맛있는 생선과 게, 새우, 김 등을 못 먹게 되는 것이 더 실감나는 일이다. 바다는 사람을 비롯한 모든 생명체에게 정말 고마운 존재이다. 38억 년 전 최초의 생명체가 나타난 것도 바다이고 이후에도 무수한 생명을 키워 내고 있다. 지구 표면적의 70퍼센트를 차지하는 바다에는 지구 생물 가운데 약 80퍼센트가 살고, 그 종류도 30만 종에 이른다. 엄청난 수의 플랑크톤, 무척추동물, 파충류, 포유류를 비롯해 정확한 종류와 양을 알기 어려운 해조가 바다에서 자란다. 바다는 이렇게 무수한 생물을 키워 아주 옛적부터 인류에게 식량을 공급해 왔고 미래에는 더욱

▽ 바다 속을 헤엄치는 물고기 떼.

중요한 식량 공급지가 될 것이다. 현재 60억 명이 넘는 세계 인구는 앞으로도 계속 증가하여, 100년 이내에 80억 명을 충분히 넘어설 것으로 예상된다. 인구가 늘면 당연히 더 많은 식량이 필요하므로 바다의 중요성은 더 커질 것이다. 국제식량농업기구FAO에 따르면 연간 수산물 생산량은 1989년에 이미 1억 톤을 넘어섰고, 점점 증가 추세에 있어 2010년에는 1억 700만 톤에서 1억 4,400만 톤에 이를 것으로 추정하고 있다.

최근에는 단순히 식량보급 차원이 아니라, 바다생물에서만 얻을 수 있는 건강에 좋은 기능성 물질에 대한 관심이 높아져서 시푸드sea food가 웰빙을 주도하는 음식으로 떠오르고 있다. 지금부터 바다에서 얻는 소금, 수많은 종류의 물고기, 게·새우·바다가재 같은 갑각류, 오징어·문어·조개 같은 연체동물, 미역·김·다시마 같은 해조류 등 우리 식탁에 오르는 다양한 바다 먹거리에 담긴 영양과 건강에 대해 이야기하고자 한다.

바다는 막대한 양의 생물자원·광물자원·에너지자원 등을 가진 자원의 보고寶庫로 알려져 있으나, 최근에는 바닷물 자체도 자원으로 새롭게 인식되고 있다. 지구에 존재하는 물은 97.2퍼센트가 바닷물이고 빙하 같은 얼음이 2.1퍼센트, 지하수가 0.6퍼센트이며, 우리가 쉽게 이용하는 지표수는 0.1퍼센트에 불과하다. 어떤 생물도 물 없이는 살 수 없다. 더구나 인구가 증가하고 생활의 질이 향상되면서 벌써 많은 나라에서 물 부족 현상을 겪고 있다. 세계적인 금융 그룹인 골드만삭스에서 "병에 포장되어 팔리는 정수된 물은 이미 가솔린보다 비싸며 원유와 맞먹고 있다."라고 할 만큼 수水자원은 매우 중요한 경제 발전 요소로 부각되고 있다. 또한 앞으로는 소비량이 점점 늘어나는 식량을 공급하기 위해 곡물을 재배할 땅이 없는 것도 문제지만, 농사지을 물이 모자란다는 것이 더 큰 문제이다. 이러한 문제를 해결하기 위해 바닷물을 끌어들여 농사를 짓는다면 물 부족을 해결할 뿐만 아니라, 바닷가와 사막처럼 버려진 땅의 15퍼센트를 경작지로 바꿀 수 있어 일석이조의 효과를 얻게 된다. 그래서 미국, 멕시코, 아랍의 몇 나라에서는 짠물에서도 잘 크는 식물에 대한 연구를 진행하고 있다.

특히 최근에는 수심 200미터 이상의 깊은 바다에 존재하는 해양심층수에 대한 관심이 높아지고 있다. 해양심층수는 표층수보다 깨끗하고 인체에 필요한 각종 미네랄이 풍부하여 식수·식품·의약품·화장품 등의 상품 개발이 추진되고 있다. 하와이와 일본 오키나와沖繩에서 해양심층수 개발이 활발히 이루어지고 있는데, 일본은 마시는 물뿐만 아니라 소금, 술, 두부 등 식품류와 화장품에 이르기까지 연 2조 원이 넘는 대규모 시장을 가지고 있다. 그러나 해양심층수 개발이 경제성을 가지려면 육지와 가까운 곳에 심해가 위치해야 하는데, 우리나라의 경우는 동해안에서만 가능하다. 현재 강원도 속초와 양양, 경상북도 울진, 울릉도 해역에서 해양심층수 개발을 위한 사업을 준비하고 있다.

: 02

바다의 커다란 혜택, 소금

누구나 알고 있듯이 바닷물에는 우리가 생명을 유지하는 데 꼭 필요한 소금이 담겨 있다. 그렇다면 그 양은 얼마나 될까? 바닷물 1킬로그램에는 평균 35그램의 소금이 들어 있다. '겨우 35그램이라고?' 하겠지만, 이를 전체 바닷물 1.4×10^{18}톤에 들어 있는 양으로 계산하면 49×10^{18}킬로그램이라는 엄청난 양이 된다. 너무 큰 숫자여서 감이 잘 안 올 것이다. 그렇다면 바닷물을 모두 증발시켜 얻은 소금을 육지에 쌓는다고 가정해 보자. 육지는 무려 150미터 높이의 소금산에 묻혀 버릴 것이다.

소금은 음식의 짠맛을 내거나 식품을 발효 · 저장하는 데 널리 사용되어 왔다. 사람들이 집단 거주를 시작한 곳이 바닷가인 이유는 무엇일까? 고고학자들은 소금에 그 답이 있다고 생각한다. 바닷가에서는 물을 증발시키는 것

△ 염전에서는 바닷물을 모아 놓고 햇볕에 증발시켜서 소금을 얻는다.

만으로도 소금을 얻을 수 있기 때문이라는 주장이다. 그러나 소금은 20세기에 들어와서야 흔해졌으며, 그전에는 몹시 귀해 마치 '하얀색 금'과 같았다.

교통이 발달하지 않았던 고대에는 소금을 구하기가 몹시 어려웠기 때문에, 소금은 화폐 가치를 지녔었다. 실제로 로마 군인들은 급여의 일부를 소금으로 받았다. 정기적인 급여나 임금이라는 뜻의 샐러리salary는 '소금 배급 또는 소금을 사기 위한 돈'을 뜻하는 라틴어 살라리움salarium에서 유래된 것이다. 그리고 이후에는 지배층이 염세를 거둬들이면서 경제적 힘까지 갖추어 권력이 강화되었다.

　　무력을 이용해 소금의 생산과 무역에서 독점권을 행사하고 가격을 정하는 것은 식민지 정책의 유형이라고 할 수 있다. 이러한 유럽의 식민지 점령과 그에 대한 항거가 근대 이후 세계사에 등장하는데, 대표적인 예가 마하트마 간디M. K. Gandhi의 소금 행진이다. 간디는 영국이 인도인에게 소금에 대한 엄청난 세금을 부과하고 독점권을 행사하자, 인도인 스스로 필요한 식용 소금을 얻을 수 있는 능력이 있음을 깨닫게 함으로써 국민들에게 경제적 자립에 대한 의식을 일깨웠다.

간디의 소금 행진

　1930년 4월 6일 이른 아침, 인도 서부의 단디 해안. 3주 전 예순한 살의 간디는 400킬로미터에 달하는 행진을 시작했다. 간디가 목적지인 이 해안에 이르렀을 때, 그를 따르는 사람들은 수천 명으로 불어나 있었다. 간디는 홀로 물속으로 들어가 몸을 씻은 뒤, 바닷가의 말라붙은 진흙땅으로 걸어 나왔다. 그는 몸을 숙여 소금 한 줌을 집었다. 모여 있던 사람들은 간디의 행동에 감동했고, 이 비폭력 소금 행진은 인도 국민들에게 엄청난 영향을 주어 영국의 식민지 정책에 맞서는 독립 투쟁의 시발점이 되었다.

　인도인에게 소금은 독립의 상징이었다. 영국은 인도에서 생산되는 소금조차도 독점하고 세금을 강요했기 때문에, 인도인은 생필품인 소금을 공짜로 얻을 수 없었다. 이러한 식민지화가 계속 진행되면 인도인은 점점 스스로를 무능하고 열등하다고 느껴 영국에 굴종하게 되고, 결국 인도는 멸망할 것이라고 간디는 생각했다. 그래서 인도인에게 스스로 소금을 얻을 수 있는 능력이 있음을 환기시켜 주었고, 이를 바탕으로 자신감과 독립 정신을 키우고자 했다.

소금으로 행하는 의식들

소금은 부패하지 않는다. 이는 '변하지 않는다'는 것과 영속성을 상징하므로 신성의 한 특성이 되고, 이런 이유로 유대교·기독교 문화와 일본에서는 종교의식에 이용했다. 소금을 뿌린 장소는 신성한 곳이 되는 것이다. 이러한 소금 뿌리기는 악이나 액운으로부터 보호받는다는 의미로 바뀌었다. 예를 들어 기분 나쁜 손님이 다녀가면 집을 깨끗이 한다는 뜻으로 소금을 뿌리거나, 악령이나 악귀로부터 자신을 보호하기 위해 소금을 뿌린다. 상갓집에 다녀온 사람이 집 안에 들어오기 전에 그 사람을 향해 소금을 뿌리는 것도 같은 의미이다.

삼투현상과 물질의 이동

김치를 담그거나 샐러드를 만들 때 배추나 야채에 소금을 치면 얼마 후 물이 생기고 야채가 숨이 죽는 것을 본 적이 있을 것이다. 왜 그럴까?

생물의 세포는 세포막으로 둘러싸여 외부와 분리된다. 따라서 배추나 야채에 소금을 뿌리면 세포 밖의 소금 농도가 세포 안보다 더 높아진다. 그러면 세포막은 소금은 통과시키지 않고 물만 통과시키는 '선택적 투과성'을 발휘하여, 세포 안팎의 소금 농도가 같아지는 삼투현상이 일어난다. 즉, 소금 농도가 낮은 세포 안의 물이 세포막을 지나 농도가 더 높은 세포 밖으로 빠져나감으로써 세포 안과 바깥의 소금 농도가 같아진다. 그래서 소금을 치면 채소는 수분을 잃고 시든다.

이러한 삼투현상은 우리 몸에서도 나타난다. 우리 몸속의 물은 3분의 2가 세포 안에 있고, 나머지 3분의 1은 세포를 둘러싸는 세포외액의 형태로 존재한다. 우리가 짠음식을 많이 먹으면 세포막 밖의 소금 농도가 세포막 안보다 높아진다. 이 불균형을 해결하기 위해 세포 안의 물이 세포 밖으로 이동하여 세포외액의 양이 많아지고, 우리는 세포 안 물의 양을 원래 상태로 끌어올리기 위해 갈증을 느끼고 물을 더 마시게 된다.

소금은 우리 몸에 왜 필요한가?

우리가 소금이라고 말하는 물질은 실제로는 여러 물질로

이루어진 혼합물인데, 그 중 주성분은 짠맛을 내는 염화나트륨(염화소듐, NaCl)이다. 염화나트륨은 우리 몸속에서 소듐 이온(Na^+)과 염화 이온(Cl^-)으로 쉽게 이온화하여 주로 세포외액에 존재하며 생명 유지에 매우 중요한 역할을 한다.

세포외액과 세포내액은 세포막에 의해 분리되는데 양쪽 모두 중성이지만 조성은 매우 다르다. 세포외액은 양이온의 대부분이 소듐 이온이지만 세포내액은 칼륨 이온(K^+)의 농도가 매우 높아서, 세포막을 사이에 두고 두 이온이 높은 농도 차이를 유지한다.

세포 안팎의 삼투압은 주로 소듐 이온과 칼륨 이온에 의해 조절된다. 정상적인 경우라면 세포외액의 소듐 이온과 칼륨 이온의 비율은 28 : 1이고, 세포내액의 소듐 이온과 칼륨 이온의 비율은 1 : 10이다. 그리고 이러한 농도 차이는 체액의 삼투압과 혈액의 부피 유지, 신경 자극의 전달, 근육 수축이나 세포 안으로 영양소를 흡수하는 과정 등에 중요한 역할을 한다. 또한 염화 이온은 혈액의 산도를 유지하고 삼투현상에 관여하며, 음식 소화에 중요한 위액 중 염산을 만드는 데 필요하다.

혈압과 소금 섭취

소금은 체내에서 매우 중요한 기능을 하는 소듐과 염소를 공급하지만 과다하게 섭취하면 고혈압의 주요 인자가 된다. 여러 민족을 대상으로 연구한 결과, 소금을 전혀 사용하지 않는 남아메리카 인디언과 알래스카 에스키모인에게는 고혈압이 거의 발생하지 않고, 소금 섭취가 많은 민족일수록 고혈압 환자가 많았다. 이는 소금의 40퍼센트를 차지하는 소듐 이온이 체내에 많이 축적되면 삼투현상에 의해 세포외액의 양이 늘어나 혈압을 올리기 때문이다.

소금 섭취를 하루 10그램 이하로 낮추면 고혈압 발생이 뚜렷하게 감소하므로, 미국과 일본에서는 하루 6그램

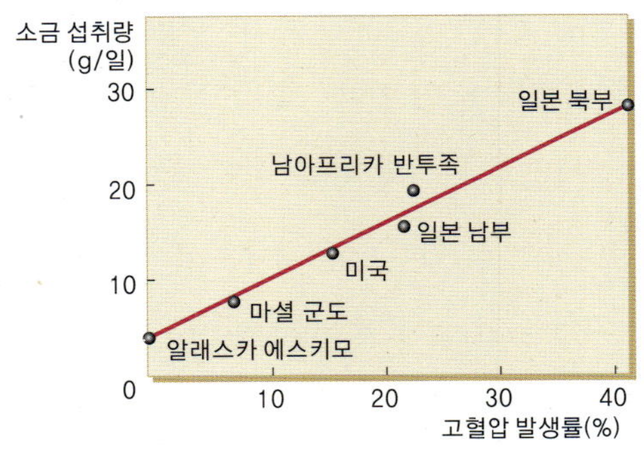

△ 소금 섭취량과 고혈압 발생률.

섭취를 권장한다. 세계보건기구WHO에서는 일일 소금 섭취 목표량을 5그램으로 정했고, 우리나라 영양학회에서도 이를 적극 권장하고 있다. 그러나 우리나라 사람들이 하루에 섭취하는 소금 양은 15~30그램 정도로 매우 많다. 소금을 많이 섭취하면 위암이 발생할 가능성도 높으므로, 건강을 생각한다면 소금을 적게 먹도록 노력해야 한다.

: **하루 소금 섭취량**을
10그램 이하로 낮추려면
어떻게 하는 것이 좋을까?

　　쌀밥에 얼큰한 음식, 짭짤한 밑반찬을 좋아하는 한국인의 식생활 습관에서 소금 섭취를 줄이는 것은 쉽지 않은 일이다. 우리가 섭취하는 소금은 식품 자체보다는 주로 음식을 만들 때 넣는 소금·간장·된장·고추장 등의 양념과 젓갈류에서 비롯된다.

　　또한 햄이나 어묵 등 가공식품을 만드는 과정에서 소금이나 소듐을 첨가한다. 패스트푸드도 상당히 많은 양의 소금을 첨가한 음식이다. 예를 들어 피자 한 조각에는 2~3.8그램의 소금이 들어 있다. 따라서 다음과 같은 식습관을 가져야 한다.

- 반찬은 싱겁게 간을 한다.
- 국이나 찌개를 적게 먹는다.
- 소금, 간장, 젓갈, 장아찌 등 짠 음식을 적게 먹는다.
- 라면, 햄, 치즈 등의 가공식품을 가급적 피한다.
- 피자, 햄버거 등 패스트푸드와 조미료를 많이 쓰는 음식점에서 하는 외식을 줄인다.

생선으로 지키는 건강

우리나라는 삼면이 바다로 둘러싸여, 아주 오랜 옛날부터 바다에서 나는 다양한 수산물을 이용해 왔다. 그중에도 갖가지 어패류는 고기가 흔하지 않던 우리 식생활에 중요한 동물성 단백질 공급원이었으며, 1985년 무렵에는 우리 국민이 섭취하는 동물성 단백질의 57퍼센트 이상을 차지했다. 단백질은 프로틴protein이라고도 부르는데, 그리스어의 '제일, 으뜸'이라는 뜻의 프로테이오스proteios에서 유래되었을 만큼 생명에 가장 중요한 물질로 생각되어 왔다. 단백질은 생체를 구성하는 데 가장 중요한 성분이고, 우리 몸에 꼭 필요한 효소나 호르몬, 항체 등을 만들기 때문이다. 단백질은 생명체의 성장과 유지에 필요한 중요 아미노산을 얼마나 많이 그리고 골고루 가지는가에 따라 질을 평가하는데, 동물성 단백질이 식물성 단백질보다 영양가가 높다. 우리나라의 경우 경제 성장과 소득 수준 향상으로 인해 육류 단백질의 소비가 현저히 늘어, 지난 20년 동안 두 배 이상 증가했다. 반면 어패류는 지금도 가장 많은 동물성 단백질의 공급원이지만, 소비가 크게 늘지 않아 최근에는 40~42퍼센트 수준으로 내려갔다.

육류의 섭취 증가는 뇌졸중·동맥경화·고혈압·암 등의 성인병 발생 위험을 높인다. 우리나라에서도 육류 소비가 크게 증가한 지난 20년 동안 성인병 발생률이 현저히 증가했다. 그런데 일본의 암예방연구소가 17년에 걸쳐 일본인 26만 5천여 명의 사망 원인을 조사한 결과, 생선을 자주 먹을수록 장수하는 것으로 나타났다. 생선을 거의 섭취하지 않는 사람들은 매일 섭취하는 사람들에 비해 고혈압, 간암, 자궁암의 발생률이 각각 2배, 2.6배, 2.4배 높게 나타나 생선 섭취가 각종 성인병을 억제할 수 있다는 사실이 밝혀졌다. 그래서인지 최근 들어 생선을 비롯한 수산물이 건강 장수 식품으로 웰빙 문화를 주도하고 있다.

△ 웰빙 문화를 이끄는 각종 수산물.

생선과 육류는 어떤 차이가 있을까?

생선은 종류에 따라 다르지만 보통 17~20퍼센트(무게 비율)의 단백질을 갖고 있어 육류와 비슷한 양이고, 질적인 면에서 우수하다. 또한 생선의 단백질은 근섬유가 적어 소화도 잘된다. 이 외에 생선에는 각종 비타민, 칼슘 등도 많다. 생선은 육류에 비해 지방의 양이 적은 편이어서 지질(지방질)을 너무 많이 섭취할까 봐 걱정인 사람들에게 도움이 된다. 특히 생선 특유의 지질 성분이 성인병 예방에 큰 효과가 있는 등 건강에 좋다고 알려져 생선에서 추출한 지질 성분인 EPA, DHA를 첨가한 건강 기능 식품이 많이 판매되고 있다.

생선의 기름은 육류의 지방과 다르다

생선을 비롯한 수산물이 건강식으로 떠오르게 된 가장 중요한 계기는 지질의 차이에 있다. 기름기 성분을 통틀어 유지油脂라고 하는데 '유'는 액체 상태의 기름oil이고, '지'는 고체 상태의 굳기름fat을 말한다. 상온에서 동물성 지방은 고체 상태이고 식용유나 생선 기름은 액체 상태이다. 예를 들면 쇠고기나 삼겹살 구운 것은 얼마 지난 후에 보면 하얀 기름덩이가 생기면서 굳지만, 생선은 식어도 별로 딱딱해지지 않는다. 이것은 지방을 구성하는 지방산의 종류와 비율이 다르기 때문에 나타나는 현상이다. 이제 지방의 구조를 알아보자. 약간 어렵게 느껴질 수도 있으나, 오메가-3 지방산이라는 건강 요소를 알기 위한 기본 지식으로 생각하기를 바란다.

지방의 기본 구조를 보면 글리세롤이 뼈대를 이루고, 여기에 여러 종류의 지방산이 결합되어 있다. 지방산은 탄소 원자가 길게 연결된 사슬인데, 지방산을 이루는 탄소 수의 길이나 탄소의 결합 방식에 따라 지방산의 종류와 성질이 달라진다. 탄소 수는 4~22개까지 매우 다양하며, 탄소의 결합 길이가 길어질수록 물에 잘 안 녹는다. 지방산을 구성하는 탄소를 서로 연결시키는 방법은 단일결합과 이중결합이 있는데, 이중결합 수가 많을수록 상온에서 액체 상태로 존재한다. 모든 탄소가 단일결합으로 연결된 지방산을 포화지방산이라고 하며, 지방산을 이루는 탄소 결합이 이중결합을 하나 이상 가질 때 불포화지방산이라고 한다. 쇠고기나 돼지고기 등의 육류는 포화지방산이 많아 굳기름 형태가 되고 식용유나 생선 기름은 불포화지방산이 많아 상온에서 액체 상태인 것이다.

또한 지방산에 존재하는 이중결합의 위치에 따라 오메가-3, 오메가-6, 오메가-9 지방산 등으로 구분하는데, 체내에서의 대사가 많이 달라 중요한 의미를 가진다.

오메가-3이란 지방산 사슬의 끝에서부터 세 번째 탄

△ 지방산의 구조.

소에서 이중결합이 시작된다는 뜻이다. 같은 원리로 오메가-6과 오메가-9는 각각 지방산 사슬의 끝에서부터 여섯 번째 탄소, 아홉 번째 탄소에서 이중결합이 시작된다. 오메가-3 지방산이 성인병 예방과 치료에 효과가 뛰어나다고 알려지면서 많은 관심을 갖게 되었는데, 자연계에 존재하는 오메가-3 지방산은 수산물에 있는 EPA와 DHA가 대부분이고 육상 식품에는 약간 있을 뿐이다. 따라서 오메가-3 지방산을 가진 수산물이 건강 식품으로 떠오르고 있다.

EPA, DHA는 무엇인가?

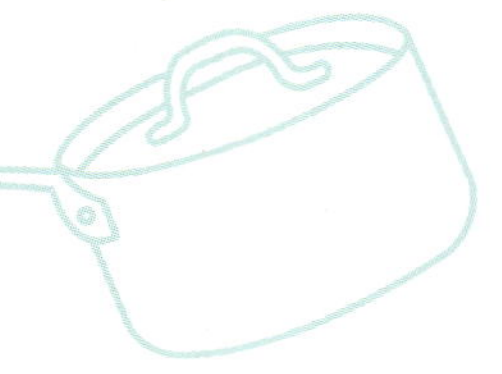

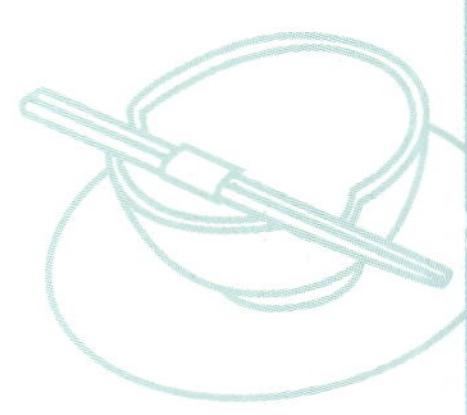

　　EPA는 아이코사펜타엔산(EicosaPentaenoic Acid)의 약자로, 탄소 20개(Eicosa는 20이라는 뜻이다.)와 이중결합을 5개(penta는 5, enoic은 이중결합을 뜻한다.) 갖는 불포화지방산이다. DHA는 도코사헥사엔산(DocosaHexaenoic Acid)의 약자로, 22개(Docosa)의 탄소와 6개(Hexa)의 이중결합을 가진다. 이 EPA와 DHA는 오메가-3 지방산이다.

　　EPA는 동맥경화 예방 효과가 크고, DHA는 치매 예방과 두뇌 발달을 촉진하며 놀랄 만한 항암 효과가 있다. 최근 캡슐 형태의 다양한 건강 기능 식품이 시판되고 있으나, 생선을 포함한 수산물을 섭취하면 충분한 효과를 얻을 수 있다.

　　EPA와 DHA는 특히 고등어, 참치, 꽁치 같은 등 푸른 생선에 풍부하게 들어 있다고 해서, 서구 여러 나라에서는 일주일에 적어도 두 번 이상 등 푸른 생선을 먹도록 권장한다.

혈관 건강의 지킴이, 오메가-3 지방산

흔히 '노화는 혈관에서부터'라고 할 만큼 대부분의 성인병은 혈관 관련 질병이다. 우리 몸의 세포나 조직은 생명을 유지하기 위해 많은 영양소와 산소가 필요한데 이는 혈액을 통해 공급된다. 심장은 생명이 유지되는 동안 잠시도 쉬지 않고 혈액을 조직세포로 내보내는 펌프 역할을 하고, 혈관은 혈액의 통로로서 몸속 도로망과 같다. 일상생활에서 교통이 두절되어 쌀이나 생선, 육류, 채소 같은 식량의 수송과 공급이 몇 일간 중단된다고 가정해 보면, 우리 몸에서 혈관의 역할이 얼마나 중요한지 쉽게 이해할 수 있을 것이다. 특히 뇌는 혈액 부족에 가장 취약한 신체기관으로 4분 정도만 혈액이 공급되지 않아도 뇌가 심하게 손상되거나 목숨을 잃는다. 또한 심장에 혈액을 공급하는 관상동맥에 문제가 생기면 심장이 더 이상 효과적인 펌프 기능을 하지 못해 심장뿐만 아니라 몸 전체로의 혈액 순환이 어렵게 된다.

많은 사람들에게 심장마비나 뇌졸중이 어느 날 난데없이 찾아오는 것처럼 보이지만 사실은 오랜 기간에 걸쳐 혈관벽에서 진행된 변화의 결과이다. 혈액 중에 중성지방이나 콜레스테롤 같은 지질 성분이 증가하는 고지혈증은 아주 중요한 위험 요인이다. 지질 성분이 증가하면 혈액은 점도가 커져서 혈류가 느려지고 혈관벽에 지질 성분이 쌓이기 쉽다. 특히 동맥벽에 콜레스테롤 성분이 쌓이면 동맥벽이 점점 두꺼워져 탄력성을 잃고 굳어지는 동맥경화와 혈압이 올라가는 고혈압으로 진행된다. 쉽게 말해 수도관 호스에 고압 노즐을 연결하면 물이 세차게 뿜어 나오는데, 만약 노후해서 더께가 낀 낡은 호스라면 압력을 견디지 못해 터질 수도 있다. 이처럼 고혈압인 경우 혈액이 동맥을 거세게 통과하기 때문에 동맥벽이 손상되고 심하면 심장마비나 뇌출혈을 일으키는 것이다.

그러면 생선 기름에 있는 오메가-3 지방산은 어떻게 혈관을 건강하게 지켜 내는 것일까? 첫째, 불포화지방산인 오메가-3 지방산은 혈액 내 중성지방이나 콜레스테롤의 증가를 억제하고 혈액의 점도를 낮추어 혈액이 잘 흐르게 한다. 따라서 혈액 내 지질 성분이 증가하는 고지혈증과 동맥경화를 예방할 수 있다. 둘째, 혈압을 낮추어 혈관에 미치는 긴장을 완화시키고, 체내 염증성 반응을 감소시켜 동맥의 피막을 보호하고 혈전(피딱지) 생성을 줄인다.

오메가-3 지방산은 어떻게 혈압을 낮출까? 같은 불포화지방산인데 오메가-3 지방산이 오메가-6 지방산보다 좋은 이유는 무엇일까? 지방산은 우리 몸속에서 호르몬과 비슷한 물질인 아이코사노이드를 만들어 여러 가지 조절 작용을 하는데, 아이코사노이드에는 여러 종류가 있다. 오메가-6 지방산은 혈액 응고를 촉진시켜 혈전을 만들고 동맥을 수축시키는 아이코사노이드를 만든다. 동맥이 수축되면 혈압이 올라가고 심장은 몸 구석구석으로 혈액을 공급하기 위해 더 열심히 일해야 한다. 반면 오메가-3 지방산은 동맥을 수축시키는 힘이 매우 약한 아이코사노이드를 만들어 혈압을 낮춘다.

이 외에도 최근에는 오메가-3 지방산이 항암 효과뿐만 아니라 우울증 예방과 뇌 발달에 좋은 성분으로 알려지면서 더욱 주목받고 있다.

붉은 살 생선 vs. 흰 살 생선

사람을 피부 색깔에 따라 백인, 흑인, 황인으로 나누듯 생선은 살의 색깔에 따라 붉은 살 생선과 흰 살 생선으로 나

눈다. 이들은 같은 생선이면서도 맛, 영양 성분, 먹는 철,
맛있게 먹는 방법 등 많은 면에서 다르다.

△ 대표적인 붉은 살 생선과 흰 살 생선.

| 노는 물이 다르다 |

보통 붉은 살 생선은 등이 푸르고 배 쪽은 은백색을 띤다. 이는 등 쪽은 바다색과 비슷하여 바닷새로부터 보호하고, 배 쪽은 바다 밑의 다른 물고기로부터 보호하기 위한 것이다. 붉은 살 생선은 바다 얕은 곳에 살고 활동성이 크며, 대표적으로 고등어·정어리·멸치·참치·꽁치·삼치·연어 등이 있다. 바다 깊이 살면서 운동을 별로 하지 않는 굼뜬 생선들은 대부분 살이 흰색이다. 대표적으로 조기·광어·대구·명태·가자미·우럭·도미·병어·갈치 등이 있다.

| 맛, 지방 함량, 열량이 다르다 |

붉은 살 생선은 맛이 진하고 조금 비린 맛이 나지만, 흰 살 생선은 살이 연하고 맛이 진하지 않아 생선을 싫어하는 어린이들도 잘 먹고 소화도 잘된다. 흰 살 생선은 지방 함량이 100그램당 0.6~2그램밖에 안 되어 맛이 담백하다. 반면 붉은 살 생선은 지방 함량이 100그램당 5~17그램 정도이다. 이러한 지방 함량 차이로 인해 흰 살 생선은 100그램당 열량이 96~104킬로칼로리인 데 비해 붉은 살 생선은 135~240킬로칼로리로 거의 두 배이다. 따라서

다이어트 중인 사람에게는 붉은 살 생선보다 흰 살 생선이 좋다. 그러나 붉은 살 생선에 지방이 많다고 걱정할 필요는 없다. 붉은 살 생선에 있는 지방은 혈압을 낮추고 심장질환을 예방하는 등 우리 건강에 좋은 성분을 갖고 있기 때문이다. 또한 비타민 A, B_1, B_2, E 등 다른 영양 성분도 더 많으므로 건강에 필요한 성분 면에서는 흰 살 생선보다 한 수 위라고 할 수 있다.

| 부패 속도, 알레르기를 일으키는 정도가 다르다 |

고등어를 먹은 후 다른 사람은 괜찮은데 피부에 두드러기가 나고 눈이 붉어지는 경험을 한 사람이 있을 것이다. 붉은 살 생선은 지방 함량이 많은 만큼 흰 살 생선보다 산화되기 쉽고 미생물이 번식하기도 쉽다. 따라서 붉은 살 생선은 신선한 것을 바로 조리해 먹어야 한다. 자칫하면 두드러기 등의 알레르기 증상이나 복통, 구토 등을 일으킬 수 있다.

| 어떻게 먹어야 더 맛있을까? |

색깔을 맞추어 예쁘게 돌려 담은 생선회 접시를 보면 군

침이 돌 것이다. 다 맛있어 보이는데 무엇부터 먹는 게 좋을까? 생선회를 먹을 때는 흰 살 생선을 먼저 먹는다. 만약 붉은 살 생선부터 먹었다면 생강, 락교 등으로 입맛을 바꾼 뒤 흰 살 생선을 먹어야 담백한 흰 살 생선의 맛을 제대로 느낄 수 있다. 붉은 살 생선과 흰 살 생선은 본래 가진 맛이 다르므로 조리법이나 먹는 방법도 달라야 한다. 붉은 살 생선은 기름기로 인한 고소한 맛을 느낄 수 있게 바싹 구워야 맛있다. 그리고 흰 살 생선은 기름기와 비린내가 적고 맛이 담백하므로 탕이나 찌개를 끓이면 맛있다.

　우리가 보통 말하는 '제철'이란 '어느 음식 재료의 가장 맛있는 시기'를 뜻한다. 수산물에서는 종류에 따라 제철을 결정하는 몇 개의 요인이 있다.

　꽁치나 가다랑어처럼 특정 시기에 일정한 지역에 모여드는 어류는 어획량이 많아지는 시기를 제철이라고 한다. 숭어, 방어, 고등어 등은 번식이나 겨울을 보내기 위해 지방분이 많이 저장되는 시기가 제철이다. 보통 어류의 단백질 비율은 약 20퍼센트로 일 년 동안 거의 변하지 않지만 나머지 70~80퍼센트의 수분과 지방분은 크게 변한다. 일반적으로 번식기 또는 겨울을 보내기 직전의 물고기는 수분이 줄어들고 지방분이 늘어나 맛이 좋아진다. 그러나 이 시기가 지나면 수분과 지방의 비율이 역전되면서 맛이 떨어진다. 명태, 대구, 빙어처럼 살코기보다 난소와 정소의 상품 가치가 더 높은 것은 생식기관이 성숙하는 번식기 직전이 제철이다. 예를 들어 가을이 되어 산란하기 위해서 연안으로 몰려든 연어는 난소를 가진 암컷의 상품 가치가 높아 비싸게 거래된다. 그러나 사실은 이때 수컷이 살코기에 지방분이 올라 암컷보다 더 맛있다. 김이나 미역 같은 해조류는 수확해서 바로 가공하여 유통되는 시기가 제철이다. 그러나 오늘날에는 유통망 발달과 보존 기술의 발전, 양식 사업의 확대 등으로 제철이라는 의미가 점점 희석되고 있다.

붉은 살 생선

등 푸른 생선 하면 제일 먼저 고등어를 떠올리는 경우가 많다. 그만큼 대중적이며 익숙한 생선이다. 고등어는 태평양과 대서양, 인도양의 온대 및 아열대 해역에 군집을 이루어 분포하는데, 작은 어류나 멍게, 새우, 오징어 등을 닥치는 대로 잡아먹는 폭식성 어류이다. 5~7월에 산란을 하고, 여름을 지나 가을이 되면 살이 올라 맛이 있고 영양가도 높아진다. 9~11월이 최고의 맛을 자랑하는 제철로 "가을 배와 고등어는 며느리에게 주지 않는다."라는 속담도 있다. 이 시기에 지질의 양이 20퍼센트 정도로 최고이고, 봄이 되면 10퍼센트로 줄어든다.

고등어는 어류 중 EPA가 가장 많아 동맥경화, 혈전증, 고혈압, 심장질환 등의 성인병 예방 효과가 뛰어나다. DHA도 많아서 뇌 활동을 촉진하고 치매 예방 등의 효과가 있으며, 철분이 많아 빈혈에도 좋다. 그 외에 항산화 작용으로 젊음을 유지시키는 비타민 E와 비타민 B군도 많은데, 고등어의 껍질 특히 꼬리 부근에 비타민 B_2가 많으므로 피부를 좋게 하려면 껍질째 먹는 것이 좋다.

△ 고등어 떼.

흔히 생선의 육질이나 맛이 좋다는 의미로 "기름이 오르다."라는 표현을 쓴다. 고등어는 실제 지방과 맛을 내는 성분이 많아 싱싱할 때는 아주 맛이 좋다. 갓 잡은 싱싱한 고등어는 회를 떠 먹기도 하는데, 살이 무른 편이라 쫄깃한 맛은 없지만 고소함이 아주 일품이다. 그러나 잡은 직후에만 횟감으로 사용할 수 있고, 조금 지나면 날것으로 먹을 수 없다. 고등어는 바다의 표층에서 살기 때문에 강한 수압을 받지 않아 깊은 곳에 사는 생선보다 육질이 연하고 부패하기 쉽다. 또한 자기 몸을 분해하는 강한 효소를 가지고 있어, 죽고 나서 조금 지나면 단백질 성분

중 하나인 히스티딘이 독성을 가진 히스타민으로 변한다. 이 물질은 민감한 사람에게 두드러기나 복통, 구토 등을 일으키기 때문에 주의해야 한다.

고등어는 신선도를 유지하기 위해 대부분 소금으로 절인 '자반고등어' 혹은 '간고등어' 상태로 유통된다. 그런데 재미있는 점은 쉽게 부패되는 고등어를 특산물로 만든 곳이 바다에서 멀리 떨어진 경북 안동 지방이라는 것이다. 옛날 교통이 발달하지 않았던 시절에 동해에서 잡은 고등어를 안동으로 등짐을 져서 수송하는 동안 고등어가 자연 숙성되고, 상하지 않도록 소금간을 한 것이 안동에 도착할 때쯤에 가장 알맞게 간이 밴 데서 유래한다. 바닷가에서 80킬로미터 떨어진 내륙 안동에서는 겨우 소금에 절인 고등어로 입맛을 달래야 했는데, 이 나쁜 조건이 오히려 좋은 조건으로 된 것이다.

| 아주 친숙한 뼈째 먹는 생선, 멸치 |

멸치만큼 우리와 친숙한 식품도 없을 것이다. 출출할 때 특별한 준비 없이 담백한 멸치 국물에 만 깔끔한 국수장국은 의외의 별미가 된다. 이렇듯 멸치는 값비싼 고기 대신

△ 멸치 떼.

국물을 내는 기본 재료로, 잔멸치 볶음으로, 김치를 담그는 젓갈로 사실 밥상에서 거의 빠질 때가 없을 정도이다.

멸치는 수온이 섭씨 20~25도 정도인 난류에서 살며, 최대 몸길이가 13센티미터를 넘지 않는 작은 물고기이다. 주로 우리나라와 일본, 중국 등 동아시아 연근해 바다에서 많이 잡는데, 겨울이 되면 따뜻한 외해로 나갔다가 봄이 되면 연안으로 몰려오는 계절 회유성 어류이다. 우리나라 남해안 연안에서는 봄에 멸치가 수면 바로 아래로 떼를 지어 다니는 모습을 볼 수 있다고 한다. 3~4월이 산란기이고 6~7월에 성숙해서 7~8월에 가장 많이 잡히는

데, 초가을에 잡은 것이 살이 찌고 성숙하여 가장 맛이 좋다. 갓 잡은 싱싱한 멸치는 그 자리에서 횟감으로 팔리기도 하지만, 대개는 배에서 잡자마자 큰 솥에 넣고 삶은 다음 말려 건조품으로 만들거나 젓갈을 담근다.

멸치를 잡는 어업 방식은 크게 세 가지이다. 고깃배 무리가 멸치 떼를 따라가며 잡는 '유자망' 방식, 멸치 떼가 주로 이동하는 곳에 미리 그물을 쳐 놓고 잡는 '정치망' 방식, 그리고 물살이 빠른 물목에 V자 모양으로 참나무 말뚝을 박고 대나무발 그물을 쳐서 일종의 함정을 만들어 멸치를 잡는 '죽방렴' 방식이다. 유자망이나 정치망 방식을 이용하면 한 번에 많은 멸치를 잡을 수 있지만, 그물에서 털어 낼 때 멸치가 다소 손상된다. 반면 죽방렴 방식으로 잡으면 대나무 가두리에 갇힌 멸치를 뜰채로 떠내기 때문에 멸치에 상처가 없고, 물살을 거슬러 다니는 것을 잡으므로 육질이 단단하며 산란을 위해 해안을 찾는 알배기 암컷이 많다. 따라

△ 죽방렴

서 죽방렴 멸치를 최상품으로 친다.

서양 사람들은 '앤초비'라고 하여 통멸치를 소금에 절여 먹는데 이는 피자나 소스를 만들 때 쓰인다. 그러나 우리나라에서는 대부분 멸치를 말려서 먹는다. 마른 멸치는 크기에 따라 대멸(77밀리미터 이상), 중멸(76~46밀리미터), 소멸(45~31밀리미터), 자멸(30~16밀리미터), 세멸(15밀리미터 이하)로 구분하는데, 큰 멸치로는 장국을 내고 중간 멸치는 조릴 때 사용하며 소멸 등 작은 멸치는 볶음을 한다.

멸치는 주로 7~8월에 잡히므로 마른멸치는 9~10월에 사는 것이 좋다. 질이 좋은 멸치는 지나치게 짜지 않고 은근한 단맛과 고소한 맛을 내며 뽀얀 빛이 난다. 등이 너무 꺾어지거나 껍질이 벗겨지고 배가 터져 내장이 보이는 것은 하등품으로 국물을 낼 때 좋지 않은 냄새가 난다. 좋은 멸치는 말린 그대로 먹어도 맛이 좋아 안주로도 쓰인다.

△ 시장에 가면 멸치를 크기별로 파는 모습을 볼 수 있다.

멸치는 등 푸른 생선이자 뼈째 먹는 생선으로 EPA, DHA 등의 오메가-3 지방산과 무기질이 풍부하다. 특히 칼슘은 어패류 중에서 가장 많아 칼슘이 부족하기 쉬운 임산부에게 매우 좋고, 단백질도 풍부하므로 한창 자라는 어린이에게도 매우 좋은 식품이다. 멸치에는 라이신, 메티오닌, 트립토판 등 우리 몸에서 만들어지지 않고 주식인 쌀에는 부족한 필수아미노산이 풍부하므로, 영양적인 면에서 밥과 잘 어울리는 반찬이다. 따라서 멸치볶음 같은 반찬은 조금씩이라도 늘 먹는 것이 좋다.

멸치는 큰 고기의 먹이가 되는 작고 불쌍한 생선이라 업신여길 '멸'자를 붙였다고도 하고, 물 밖으로 나오면 금방 죽어서 '멸'자가 붙었다고도 한다. 그러나 같은 부류인 청어, 정어리 등의 수가 점점 줄어드는 데 비해 멸치의 어획량은 줄어들지 않는 것을 보면, 작고 약하지만 오히려 생명력이 강해 서민들에게 더 친숙한 느낌을 주는 것이 아닌가 싶다.

| 바다의 닭고기, 참치 |

참치라고 하면 우리는 작고 납작한 통조림에 들어 있는

생선 살이나 얼음이 사각거리는 붉은빛의 회 토막을 떠올리게 된다. 직접 사는 경우에도 한 마리를 통째로 사는 것이 아니라 조각이나 덩어리로 사게 되므로 참치의 생김새나 크기를 짐작하기는 쉽지 않다. 참치는 살이 많은 생선으로 길이 1~4미터, 무게 100킬로그램이 넘는 것이 많으며 큰 것은 700킬로그램에 이른다.

우리나라에서는 원양어업 발달에 따라 참치 통조림이 보급되면서 알려지기 시작했지만, 서양이나 일본에서는 오래전부터 아주 맛있는 생선으로 여겨져 왔다. 참치는 맛과 영양, 생김새가 물고기 중의 으뜸인 '진짜 물고기'이다. 나라마다 부르는 이름이 다른데, 우리나라의 표준 이름은 '다랑어'이며 서양인은 '투나', 일본인은 '마구로'라고 부른다. 보통 참다랑어·날개

△ 참치 떼.

45

△ 커다란 방추형의 참치들.

다랑어·눈다랑어·백다랑어·황다랑어·가다랑어·점다랑어 등 7종류로 구분하는데, 이 중 참다랑어가 '다랑어 중의 다랑어'라고 할 만큼 맛이 가장 좋고 비싸다. 눈다랑어와 황다랑어는 생선회나 초밥에 이용되고, 날개다랑어와 가다랑어는 주로 참치 통조림으로 가공된다.

참치는 대표적인 건강 다이어트 식품이다. 쇠고기, 닭고기, 다른 생선에 비해 단백질 양이 월등히 많고 지방의 양은 적어 칼로리가 낮기 때문에 비만, 고혈압, 당뇨 환자의 영양식으로 권장할 만하다. 참치의 지방 함량은 부위와 계절에 따라 달라진다. 뱃살은 평균 20퍼센트, 붉은 등살은 평균 2퍼센트로 차이가 많으며, 여름에는 적고 가을부터 겨울까지는 많아진다. 뱃살은 지방 함량이 많을 뿐만 아니라 생선이면서도 쇠고기의 대리석지방(마블링)처럼 지방이 미세하게 분포하여 입에서 부드럽게 녹는 맛을 느낄 수 있다. 하지만 예전에는 선명한 붉은색을 띤 등

살을 더 선호했고, 지방이 많은 뱃살을 즐겨 먹게 된 것은 비교적 최근의 일이다. 참치가 EPA, DHA 같은 오메가-3 지방산을 많이 가진 등 푸른 생선이라 콜레스테롤 농도를 낮추며 혈관계 질환의 예방에 좋다는 것이 알려지고, 기름진 것을 좋아하게 된 기호의 변화 때문인 것 같다. 또한 최근에는 활성산소의 독성을 막을 수 있는 셀레늄이라는 미량원소가 많다고 알려지면서 암 예방 효과에 대해서도 주목받고 있다. 참치는 고단백 식품으로 아이들의 성장 발육을 돕고, 고혈압·당뇨·심장병 등의 성인병을 예방하는 효과가 있다.

아무리 건강에 좋다고 해도 맛이 없다면 식품으로서의 가치가 떨어지는데, 참치는 감칠맛이 뛰어나 날것으로는 최고의 횟감과 초밥 재료가 된다. 참치는 냉동된 것을 해동하는 기술이 맛을 크게 좌우하는데, 낮은 온도에서 천천히 해동하여 육즙이 손실되지 않게 해야 맛있다. 흔히 많이 쓰는 방법은 바닷물과 비슷한 농도의 소금물에 2~3분 정도 담근 후 물기를 닦고 냉장고에서 표면만 조금 녹여 칼이 들어갈 정도로만 해동시키는 것이다. 얼음 같은 사각거림을 느끼면서 먹어야 더욱 맛있기 때문이다.

일본에서는 내장을 제거한 후 쪄서 말려 훈제품을 만든
다. 이것을 '가쓰오부시'라고 하는데, 이노신산과 글루타
민산 등 조미료의 맛이 되는 성분이 많아 맛과 향을 낸다.
나무방망이처럼 말린 고기를 대패나 칼로 얇게 긁어 국물
맛을 내는 데 사용하거나 오코노미야키 같은 음식 위에
뿌려 먹기도 한다.

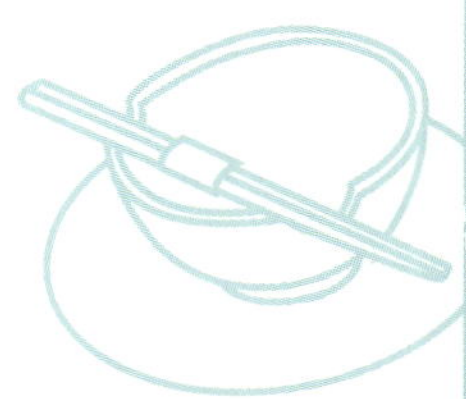

참치 통조림에는 참치 살의 종류와 가공 상태가 표시되어 있으므로, 음식 용도에 알맞은 것을 선택한다.

주로 많이 파는 종류로는 가다랑어나 황다랑어로 만든 라이트스탠더드, 황다랑어로 만든 옐로핀솔리드, 날개다랑어로 만든 화이트솔리드가 있다. 라이트스탠더드는 살이 부드럽고 고소해서 우리 식성에 잘 맞으며, 그대로 먹거나 샌드위치를 만들 때 넣으면 좋다. 옐로핀솔리드는 살이 쫄깃하여 김치찌개에 넣으면 맛이 좋다. 그리고 화이트솔리드는 살이 단단하고 담백하여 조려 먹거나 샐러드에 이용하면 좋다.

그런데 '스탠더드'나 '솔리드'는 무슨 뜻일까? 이는 살코기 덩어리가 얼마나 들어 있는가를 표기한 것이다. 3~4개의 덩어리로 들어 있으면 솔리드, 5~7개의 덩어리와 20퍼센트 정도의 부순 살이 있으면 스탠더드, 8~9개의 덩어리와 40퍼센트 정도의 부순 살이 있으면 청크, 부순 살만 들어 있으면 플레이크라고 한다.

서양식 뷔페 식당이나 패밀리 레스토랑 등에 가면 훈제연어를 쓴 샐러드나 전채요리를 흔히 볼 수 있다. 짙은 복숭앗빛의 연어 살색이 눈에 띄게 다른 느낌을 주며 식욕을 돋운다. 그 외에 소금과 후추를 뿌려 구운 스테이크가 대표적인 요리이고, 싱싱한 연어 알을 초밥이나 서양의 술안주인 카나페 위에 얹어 먹기도 한다.

연어는 다른 육류와 비교했을 때 단백질은 비슷하고, 지방은 생선으로서는 많은 편이나 육류보다는 적다. 지질의 양은 다른 생선들처럼 산란 직전인 가을철에 10퍼센트 이상으로 증가하여 맛이 좋아지며, 특히 EPA와 DHA 등의 오메가-3 지방산이 많아서 혈관과 심장 순환계 질

▽ 냉수성 어류로 회귀성이 가장 강한 연어.

환 예방에 좋다. 비타민 B군이 풍부하여 대사와 성장을 촉진하고, 해산물로서는 드물게 비타민 D가 많아 칼슘 흡수를 촉진한다. 또한 칼슘 · 인 · 철분 · 칼륨 등의 무기질도 많기 때문에 성장기 어린이나 체력이 약한 사람, 고혈압 · 성인병 환자에게 권할 만하다.

연어는 냉수성 어류로 수온이 섭씨 18~19도가 넘는 물에서는 살 수가 없다. 우리나라의 동해안과 일본, 북극해, 알래스카, 캐나다 등 북태평양에 분포한다. 연어는 보통 토막으로 잘라 팔기 때문에 시장에서는 실제 모습을 보기가 어려운데 큰 것은 1미터쯤 되어 다른 생선보다 비교적 크다. 우리나라에서 보는 종류는 참연어로, 대략 50~80센티미터 길이에 체중은 2~7킬로그램 정도이다.

연어는 강에서 태어나 바다에서 자란 후 다시 자기가 태어난 강으로 돌아와 산란하고 일생을 마치는 회귀성 어류인데, 그런 어류 중에서도 회귀성이 가장 강하다. 연어는 가을철에 물이 찬 하천이나 호수의 자갈 사이에 분홍빛 알을 낳는다. 이 알은 부화해서 25센티미터 정도의 치어로 자랄 때까지 겨울 동안 하천이나 호수에 머물면서 먼 길을 떠날 준비를 한다. 봄이 되면 강 하류로 내려가면서 바다 생활에 알맞게 체형이 변하고, 찬 바다를 찾아 베링 해, 알래스카 연안, 캄차카반도 연안으로 떠난다. 연어는 바다에서 4년 정도 생활하는데 그 기간에 북태평양 전역을 일주하는 것도 있다고 한다. 다 자란 연어는 산란을 위해 태어난 곳으로 다시 돌아온다. 종류에 따라 하천 상류나 호수 또는 연안을 벗어난 강목에 산란하는데, 어떤 것은 해발 600미터가 넘는 호수로 거슬러 올라가 산란하기도 한다. 산란기가 다가오면 먹이를 먹지 않으며, 목적지에 도착한 연어는 일주일 정도에 걸쳐 산란과 수정을 한다. 포식자로부터 자신의 분신인 수정란을 보호하기 위해 강바닥 자갈을 파내어 산란하고 수정한 후 다시 덮는다. 이 고단한 의무를 마치면 기운이 다 빠진 암컷과 수컷 연어는 일생을 마감한다. 그런데 연어는 어떻게 자기가 태어난 곳으로 돌아오는 것일까? 새끼 연어는 바다로 가기 전까지 고향 하천의 냄새를 익히기 때문에 2~3년의 여행 후에도 고향으로 돌아올 수 있다고 한다.

요즘 대부분의 연어는 어머니강에서 인공 부화시켜 치어를 하천에 방류한 것이다. 우리나라에서도 1970년대부터 인공 산란 방류 작업을 꾸준히 하고 있다. 우리나라

△ 알에서 부화한 연어.

▽ 하천에서 먼 여행을 준비하고 있는 어린 연어.

의 경우 경상북도 울진군의 왕피천, 강원도 양양군의 남
대천, 강릉의 연곡천 등 십여 곳의 하천으로 연어가 돌아
오며, 회귀율은 1퍼센트 정도이다.

중요한 수자원 중에는 그동안의 남획으로 멸종 위기를
맞은 것이 많은데, 연어의 경우도 대서양의 살모살라르 같
은 질 좋은 연어들이 거의 멸종되었다. 그래서 국제적으로
방침을 정하여, 어린 연어를 방류하는 나라에만 연어 어업
권을 주고, 방류되는 연어 수를 공인받도록 하고 있다. 이
공인된 수로 그 나라가 한 해에 잡을 수 있는 연어의 양이
결정되므로 많은 연어를 잡으려면 어린 연어를 많이 방류
해야 하고, 그러기 위해서는 더 많은 연어가 강으로 돌아
와야 한다.

앞서 말했듯이 방류된 연어가 돌아오는 것은 어머니강
의 냄새를 기억하기 때문이다. 따라서 연어가 어머니강으
로 돌아오게 하기 위해서는 강이 오염되지 않도록 자연을
보호하고 유지하는 데 노력을 기울여야만 한다.

흰 살 생선

아무리 어려운 집이라도 제사 준비를 할 때면 가장 신경 쓰는 것이 잘생긴 좋은 조기를 장만하는 것이었다. 또한 조기는 명절상, 잔칫상에도 빠지지 않고 올라갔고, 지금도 한정식 집에서는 반찬으로 올려 주는 경우가 많다.

세계적으로는 약 180종이 있다고 하는데, 우리나라 서해안에서 흔히 잡히는 것은 노란색이 도는 참조기이다. 5~6월경에 흑산도 앞바다에서 잡히는 알이 알맞게 밴 산란 직전의 것이 가장 맛이 좋다. 요즘은 국산 참조기의 어획량이 줄면서 모양이 비슷한 수조기나 부세 등이 참조기로 행세하는 경우가 많은데 사실 소비자의 눈으로는 구별하기가 어렵다.

참조기에 간을 하고 해풍에 말린 굴비는 생선을 구하기 힘든 겨울에 손님이나 어르신 상에 올라가는 귀한 음식이었다. 특히 영광굴비는 500여 년 동안 명성을 이어온 전통 수산물로, 곡우 사리 때 칠산 앞바다에서 잡은 알배기 참조기로 만든 것을 최고 상품으로 친다. 영광굴비가 유명하게 된 것은 고려 말 인종 때 영광에 귀양 갔던

이자겸이 임금에게 영광굴비를 진상한 데서 유래한다. 이
자겸은 변함없는 충성과 비굴하지 않았다는 의미로 굴비
屈非라는 이름을 지어 함께 진상했다고 한다. 영광굴비는
칠산 앞바다에서 잡은 참조기를 소금으로 간하여 15~40
시간을 재웠다가 깨끗한 저염수에 4~5번 이상 씻어 1~2
주일 동안 해풍에 말려 만든다. 해풍에 말리면 그냥 건조
시킨 굴비보다 맛이 더 좋아지고 나쁜 냄새를 내는 성분
은 적어진다.

조기의 영양 성분이 다른 생선보다 특별히 뛰어난 것
은 아니다. 하지만 살이 연하고 비리지 않아 병후 조리식
으로 먹기에 적당해서 사람의 기운을 돋워 준다는 뜻의
조기助氣라는 이름이 붙여진 것 같다. 단백질, 지방, 비타
민, 무기질 등의 영양소를 골고루 갖고 있기 때문에 비린
내를 싫어하는 어린이의 성장 발육이나 노인들의 원기 회

▽ 왼쪽갓 잡은 조기, 오른쪽조기를 건조하는 모습.

복에 좋다. 담백하게 소금구이를 하거나 고추장 양념을 발라 구워 먹기도 하고, 작은 조기는 무를 평평하게 깔고 양념장과 물을 부어 자작하게 조려 먹기도 한다. 또한 조기매운탕이나 맑은장국을 끓여 시원한 국물 맛을 즐기기도 한다.

| 은빛의 화려한 기품, 갈치 |

갈치는 멸치, 고등어와 함께 어획량이 가장 많은 어종의 하나로 우리나라 사람들에게는 친숙한 동물성 단백질원이다. 다른 물고기에 비해 납작하고 몸이 길어 칼처럼 생겼다고 하여 칼치라고도 불리며, 한자로는 '칼 도刀'자를 써서 도어刀魚라고 한다. 갈치는 날카로운 이빨로 오징어, 새우, 작은 물고기 등을 닥치는 대로 잡아먹는다. 또한 산란기에는 다른 갈치의 꼬리까지 잘라먹기도 한다.

갈치는 목포를 중심으로 한 서남해안에서 주로 잡히는 먹갈치와 제주도 연안에서 낚시로 잡는 은갈치가 대표적이다. 특히 갓 잡아 올린 은갈치로 만든 갈치회는 그 담백함이 아주 일품이다.

난대성 어류인 갈치는 여름철 산란기를 끝내고 초겨

울에 따뜻한 남쪽으로 이동하기 위해 늦가을까지 충분히 먹기 때문에 가을 갈치가 맛이 좋다. 그래서 "10월 갈치는 돼지 삼겹살보다 낫고, 은빛 비늘은 황소값보다 높다."라는 말로 그 맛과 영양을 높이 평가해 왔다.

그런데 갈치의 몸에 반짝이는 은빛 물질은 비늘이 아니고 구아닌이라는 물질이 요산과 섞여 만들어진 침착물이 굴절·반사하는 것인데, 모조진주나 여성용 매니큐어의 펄 성분으로 이용된다. 갈치가 싱싱할 때는 비린내가 나지 않지만, 신선도가 떨어지면 공기 중 산소에 의해 구아닌 성분이 변하고 지질이 산화되어 비린내가 많이 나고 살이 물러져 쉽게 상한다.

갈치는 단백질이 많고, 특히 곡류에서 가장 부족한 라이신 등의 아미노산이 많아서 곡류를 주식으로 하는 우리 식생

△ 갈치는 물속에서 머리를 위로 향한 채 서서 움직인다.

활을 보완하는 데 매우 좋은 식품이다. 그리고 지질의 양이 7.5퍼센트 이상으로, 평균 2퍼센트 내외인 다른 흰 살 생선보다 많아 맛이 좋을 뿐만 아니라 리놀레산, EPA, DHA 등의 불포화지방산도 많아서 성인병 예방에 도움이 된다. 또한 맛이 담백하고 칼슘과 철분 함량도 높은 편이라 생선을 싫어하는 어린이에게도 권할 만하다.

갈치는 구워 먹는 것이 가장 맛이 좋고, 고춧가루를 넣고 무와 함께 조려 먹어도 맛있다. 또한 내장만을 소금에 절여 갈치속젓(순태젓)을 만들기도 하는데 감칠맛이 독특해 깍두기를 담글 때 넣으면 맛이 좋다고 한다. 제주도에서는 싱싱한 갈치로 맑은 국을 끓여 먹기도 한다. 예전에는 서민에게 친숙한 생선의 대명사였는데, 요즘에는 어획량 감소로 값이 비싸지고 맛있는 연안갈치가 귀해지는 것이 아쉽기만 하다.

| 변신의 귀재, 명태 |

명태는 옛날부터 우리나라 사람들이 즐겨 먹어 온 아주 친숙한 생선이다. 북어는 제사나 고사에 빠지지 않는 제수거리이고, 지금까지도 술을 마신 뒤의 해장국 하면 북

엇국을 제일 먼저 떠올린다. 명태 살로는 국이나 찌개를 끓이고 내장은 창난젓을, 알은 명란젓을 담가 먹는다. 그리고 짓이긴 명태 살은 향료를 넣어 게맛살 등의 어묵으로 변신하기도 한다.

명태처럼 많은 이름을 가진 생선도 드물다. 냉동하지 않은 싱싱한 상태를 '생태', 얼린 것은 '동태', 두 달 정도 건조시켜 바짝 말린 것은 '북어', 약 40일간 겨울 바닷가에서 얼렸다 말렸다를 스무 번 이상 반복하여 누르스름하게 된 것을 '황태', 코를 꿰어 보름 정도 말려 쫀득쫀득해진 것을 '코다리', 술안주로 쓰는 어린 명태 새끼를 '노가리'라고 한다. 겨울철 강원도 바닷가 덕장에 가면 주렁주렁 매달린 명태들을 볼 수 있다. 원래 명태는 차가운 한류에서 살기 때문에 겨울에만 한류를 따라 함경남도, 강원도로 내려오는 것을 잡았는데, 요즘은 지구온난화로 수온이 올라가면서 자취를 감추어 북태평양과 베링해에서 잡히는 원양산을 동태 상태로 가져와 얼음을 녹인 후 쓴다고 한다. 동해 연안에서 잡히는 토종 명태가 크기는 작아도 구수한 맛이 일품이라 상품 가치가 높은데, 중요한 어족 자원을 잃어 아쉽다. 이제는 동해산 명태가 너무 귀해져서 동해 토종 명태를 '금태'라고 부르기까지 한다.

명태는 흰 살 생선으로 단백질은 풍부하지만 지방이 적은 저칼로리 식품이다. 비린내가 나지 않고 맛이 담백하고 구수하기 때문에 국을 끓일 수 있다. 그래서 예전부터 술 마신 뒤의 해장국으로 많이 먹어 왔는데, 한방에서도 북어는 해독 능력이 있어 북어를 달이거나 국을 끓여 국물을 마시면 좋다고 한다. 명태는 살에 지방기가 적어

△ 냉동하거나 말리기 전 생태의 모습.

▽ 황태 덕장.

약간 팍팍하지만 간에는 엄청난 지방이 쌓여 있다. 간에
들어 있는 지방은 비타민 A가 많아 시력 회복에 도움을
주는데, 요즘은 의약품 재료로 사용하기 위해서 시장에
유통되기 전에 미리 빼낸다. 명태의 알은 명태 살보다 더
많은 단백질, 비타민, 무기질을 갖고 있는 고영양 식품이
다. 이를 이용한 명란젓과 내장을 이용한 창난젓은 EPA,
DHA 등의 오메가-3 지방산도 많아서 좋으나, 소금이 많
으므로 적당히 먹는 것이 좋다.

싱싱한 생태를 이용한 맑은 국이나 얼큰한 매운탕은
입맛을 회복시켜 주고, 동태전은 비린 것을 싫어하는 어
린이나 노인들의 좋은 단백질원이 된다. 또한 동태나 코
다리로 만든 찜·구이·조림이나 명란젓으로 만든 달걀
명란찜 등은 반찬으로 손색이 없으니, 명태는 아직도 우
리 식생활의 든든한 구원병 같은 생선이다.

| 위험한 맛의 유혹, 복어 |

복어 맛은 중국 북송시대의 유명한 시인 소동파가 "사람
이 한 번 죽는 것과 맞먹는 맛이다."라고 극찬했을 정도
이다. 또한 세계 4대 진미로 꼽힐 만큼 그 맛이 으뜸이다.

하지만 잘못 먹으면 소동파의 표현대로 정말 생명과 맞바꾸는 위험한 생선이다. '테트로도톡신'이라고 하는 복어의 독은 동물성 자연독 중 가장 치사율이 높아 60퍼센트가 넘는다. 더구나 이 독성분은 색깔과 냄새, 맛이 없는데다 물에 녹지 않고 강하게 끓여도 파괴되지 않아 중독 예방이 어렵다. 사람이 이 독을 먹으면 입술 주위나 혀끝이 마비되면서 구토를 하고 몸 전체가 굳어지면서 결국 호흡곤란으로 사망하는데, 먹은 지 30분 이내에 이런 자각증상이 나타나고 몇 시간 만에 사망하기도 할 만큼 진행이 빠르다. 그렇다고 너무 걱정할 필요는 없다. 우리가 식당에서 먹는 복어는 전문 조리사가 손질한 것으로, 최근에는 복어 식중독으로 죽는 사람은 거의 없다.

복어는 늦가을부터 다음 해 2월까지가 제철인데, 맛이 가장 좋은 시기일수록 독성이 강하고, 독이 강한 복어 종류일수록 맛이 좋다. 복어의 독이 포식자로부터 자신을 보호하기 위한 방법 중 하나라는 것을 알 수 있다. 복어는 몸체에 비해 상대적으로 지느러미가 작아 몸놀림이 민첩하지 못하기 때문에 쫓아오는 포식자를 따돌리기가 어렵다. 따라서 복어는 도망치기를 포기하면 물이나 공기를 빨아들여 몸을 서너 배로 부풀려서 포식자를 위협한다. 만약 그렇게 했는데도 잡아먹히면 복어는 내장과 껍질 등에 있는 독성분으로 포식자에게 치명상을 입힌다. 죽어서 복수하는 셈이다.

복어의 단백질 양은 보통 생선과 비슷하나 지질이 매우 적어 맛이 담백하며, 살은 쫄깃쫄깃하면서도 매우 연하다. 또한 글루타민과 핵산 계통인 이노신산이 많아 감칠맛이 나고 글리신, 알라닌 등의 아미노산이 단맛을 돋우는데, 이런 여러 맛 성분이 서로 조화되어 깊은 맛을 낸다. 또한 타우린 성분이 간을 보호하여 술을 마신 후 숙취 해소에 도움이 된다.

복어 요리는 일본에서 특히 발달하여 조리법이 다양

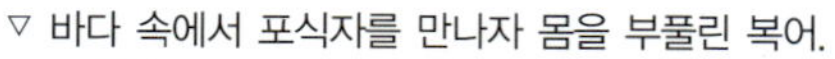

▽ 바다 속에서 포식자를 만나자 몸을 부풀린 복어.

한데, 복어의 담백한 맛을 살리는 것이 중요하다. 회는 살만 발라 종잇장처럼 아주 얇게 떠서 큰 접시에 여러 가지 모양을 만들어 담고, 회를 뜨고 남은 살과 머리로 맑은 탕을 끓여 먹는다. 또한 껍질은 꼬들꼬들하게 데쳐 초무침하거나 튀김을 만들기도 한다.

| 신비로운 스태미나식, 장어 |

장어는 생김새가 천박하다고 해서 예전에는 점잖은 밥상에 오르지 못했다. 하지만 요즘은 영양가가 뛰어나다고 알려져 스태미나 음식으로 비싼 값에 팔린다. 가짓수가 20종 이상이라고 하는데, 우리가 흔히 접하는 장어는 뱀장어·붕장어·갯장어 등이다.

여름철이면 '민물장어' 간판을 붙인 음식점에 뱀장어구이로 몸보신을 하려는 사람들이 몰려든다. 이처럼 뱀장어가 스태미나 음식으로 유명하게 된 데는 영양적 가치뿐만 아니라 그 습성도 중요한 몫을 한다. 뱀장어는 장어류 중에서 유일하게 바다와 강을 오가는데, 어릴 때는 민물에서 5~12년을 살다가 산란기가 되면 먼 바다로 떠나 수심 2,000~3,000미터의 깊은 바다에서 알을 낳고 수정한 후 일생을 마친다. 부화된 알은 버들잎 모양의 치어가 되어 난류를 타고 뭍 가까이에 도착하며, 이즈음 실뱀장어 형태로 변태하여 강을 거슬러 올라간다. 작은 바위틈, 호수의 진흙밭, 심지어 산 위의 호수까지 올라가서 살다가 번식을 위해 다시 바다로 간다. 이런 뱀장어의 습성이 먹으면 힘을 얻을 것 같은 느낌이 들게 하는 것 같다. 실제로도 뱀장어는 영양분이 풍부하여 스태미나 음식으로 손색이 없다. 단백질은 14~20퍼센트 정도로 쇠고기·돼지고기·닭고기보다 약간 떨어지지만, 지방은 15퍼센트로 2~3배 많고 불포화지방산이 풍부하다. 비타민 A는 모든 생선 중 가장 많고 비타민 E도 많아 동맥경화, 뇌졸중 등의 성인병을 예방할 수 있다. 또한 칼슘, 철분이 풍부할 뿐만 아니라 칼슘 흡수도 잘된다. 뱀장어 중에서는 풍천 장어를 최고로 치는데 풍천은 지역 이름이 아니다. 뱀장어가 바닷물을 따라 강으로 들어올 때 바람도 몰고 온다고 하여 풍천風川이라는 말이 붙었다. 전라북도 고창군에 있는 인천강은 강한 조류로 담수와 해수가 섞이고 갯벌에 영양분도 풍부하여 장어가 살아가는 데 최적의 조건이다. 또한 큰 폭의 수온 차와 밀물과 썰물에 따른 이동성이 크

△ 위뱀장어, 아래어린 실뱀장어.

므로 맛과 육질이 뛰어나 장어 중에서 최고로 친다.

붕장어는 우리에게 '아나고'로 더 잘 알려져 있다. 붕장어는 크고 굵으며, 머리에서 항문 쪽으로 38~43개의 옆줄 구멍이 뚜렷한 것이 특징이다. 낮에는 모래에 몸통을 반쯤 숨기고 있다가 밤에 먹이를 습격하여 잡아먹는다. 우리나라에서는 횟감으로 인기가 있는데, 냉수나 얼음물에 씻어 기름을 빼고 물기를 짜낸 후 차지게 해서 먹는다.

갯장어는 흔히 일본어인 '하모'로 알려져 있는데, 붕장어처럼 아주 크고 몸통이 굵다. 억세고 긴 송곳니를 비롯하여 날카로운 이빨을 가지고 있으며, 성질도 사나워서 『자산어보』에는 '개의 이빨을 가진 뱀장어'라고 묘사하기도 했다. 잔가시가 많아 먹기가 나쁘기 때문에 잔칼질을 많이 해서 엿장구이, 튀김, 초밥 등으로 먹는다. 우리나라 사람들보다 일본 사람들이 좋아해서 갯장어는 대부분 일본으로 수출된다.

생선 살보다 영양가가 더 많은 생선 알

세계적으로 맛있는 음식으로 손꼽는 것 중에는 알 종류가 많다. 서양에서 전채요리로 내놓는 캐비어나 일본 사람들이 초밥에 얹어 먹는 연어 알이 대표적인 예이다. 우리나라에서도 따끈한 밥에 명란이나 대구 알을 얹어 먹는다. 확실히 생선 알의 맛은 유별난 데가 있다. 알은 씹히는 촉감이 특별하고, 고소하면서도 약간은 쌉쌀한 맛이 상반된

△ 생선 알을 이용한 여러 가지 초밥.

듯하면서도 잘 어울린다. 어떤 때는 그 자체가 유행 식품으로 사회적 지위를 나타내기도 하니 재미있는 일이다. 마귈론 투생-사마M. Toussaint-Samat는 그의 책『먹거리의 역사』에서 "캐비어는 중요한 사람들에게 유행하는 현대식 암브로시아(그리스 신들이 먹는 꿈 같은 낙원의 식품 목록)다."라고 했다. 비록 그들이 캐비어를 특별히 좋아하지 않는다고 해도 마찬가지이다. 이렇게 맛있고 귀한 만큼 영양가도 있는 것일까?

　생선 알은 단백질과 비타민, 무기질 등이 풍부하여 생선 살보다 영양가가 더 높은 것으로 알려져 있다. 예를 들면 대구 살에는 비타민 E가 거의 없지만 대구 알에는 뱀장어 못지않게 많이 들어 있고, 각기병에 효과가 있는 비타민 B_1(티아민)도 많다. 또한 연어 알은 연어 살에 비해 지질의 양이 세 배나 되고 칼슘, 철분, 인, 비타민류도 더 많이 들어 있다.

옛날에는 굴비 알을 많이 먹으면 아들을 잘 낳는다고 하여 친정어머니가 시집간 딸에게 굴비 알을 모아 두었다가 은밀히 보냈다고 한다. 알이라는 것이 생산의 의미가 강하기도 하지만 영양적인 면도 고려한 어머니의 배려가 아니었을까.

동물성 식이섬유, 키틴과 키토산

새우나 게는 물속에 살면서 아가미로 호흡하며 관절을 가진 갑각류이다. 갑각류의 몸은 바닷물에서 흡수한 석회로 만들어진 딱딱한 껍데기로 싸여 있고, 자라면서 주기적으로 껍데기를 벗는다. 이런 과정을 탈피라고 하는데 갑각류는 탈피 직전에 살이 많고 맛이 좋다. 새우나 게의 살은 단맛이 나고 독특한 향기를 가진 풍미 때문에 많은 사람들이 좋아하지만, 껍데기를 까서 먹어야 하므로 번거롭게 느껴질 때도 있다. 그런데 요즘은 버려졌던 껍데기에서 추출한 키틴과 키토산이 다양한 생체 조절 기능을 갖고 있는 것으로 밝혀져 건강 기능 식품으로 각광 받고 있으니 버릴 부분이 하나도 없다.

새우나 게는 날것일 때는 청색을 띤 검은색이지만 익히면 빛깔이 붉게 변해 먹음직스럽다. 이것은 껍데기에 아스타잰틴이라는 색소 성분이 단백질과 결합되어 있는데, 가열하면 이 색소단백질이 변성하여 아스타잰틴이 분리되는 동시에 공기 중의 산소에 산화되어 붉은색의 아스타신이 되기 때문이다.

△ 키틴이 풍부한 갑각류.

키틴은 게, 가재 등의 갑각류 껍데기를 형성하는 주성분으로, 식물체가 만드는 셀룰로오스 다음으로 지구상에서 많이 생합성되지만 거의 대부분 폐기되던 생물자원이었다. 키틴은 아세틸글루코사민이라는 당의 유도체가 5,000개 이상 결합된 물질로, 셀룰로오스처럼 몸속에서 소화 흡수되지 않는다. 이 물질에서 수산화나트륨을 처리해서 아세틸기를 떼어 내면 키토산이 된다. 키틴 자체는 거의 이용 가치가 없지만 키토산은 다양한 기능을 가진다. 키토산을 먹으면 체내에서 지방이나 콜레스테롤에 달라붙어 배설시키고 강력한 항균 작용을 나타내며, 항암 작용과 변비 예방에 좋다. 그러나 키토산은 물에 잘 녹지 않고 엿처럼 강한 점성이 있기 때문에 식품에 첨가하기가 어렵다. 그래서 산이나 효소를 써서 작게 자른 저분자 키토산을 만들어 다양한 식품 소재로 여러 분야에 활용하고 있는데, 이것을 키토올리고당이라고 한다.

세계인의 사랑을 받는 새우

새우는 18~20퍼센트의 단백질을 갖는 고단백 식품이면서도 지방은 적고 칼슘이 많아서 성장기 어린이나 다이어트를 하는 사람에게 좋다. 한방에서도 신장 기능을 강하게 하고 양기를 왕성하게 하는 식품으로 꼽는데, 그 이유도 질이 좋은 단백질과 칼슘 등의 무기질이 많기 때문으로 보인다. 특히 말린 새우는 영양분이 농축되어 볶아 먹거나 국물을 내는 데 사용하면 값비싼 왕새우를 가끔 먹는 것보다 건강에 더 도움이 된다.

새우에 콜레스테롤이 많다고 하여 아예 먹지 않는 경우를 흔히 볼 수 있다. 그러나 연구 결과 새우의 콜레스테롤 함량은 그렇게 과민한 반응을 보일 정도로 많지 않으며, 혈중 콜레스테롤 증가를 억제하는 타우린이 콜레스테롤보다 많이 들어 있어 혈중 콜레스테롤은 증가하지 않는

△ 새우

다. 몸속 콜레스테롤은 오로지 담즙 형태로만 배설되는
데, 타우린은 담즙의 성분이 되어 콜레스테롤의 배설을
도와준다. 또한 껍데기에 많이 들어 있는 키틴도 혈중 콜
레스테롤의 상승을 억제한다. 껍데기를 부수어 먹으면 소
화기관 안에서 키토산이 생겨 작용할 수 있는지는 의문이
지만, 껍데기는 키토산 등의 건강 기능 식품을 만드는 원
료로 쓰인다. 그래도 걱정된다면 튀기거나 볶지 말고, 굽
거나 찌거나 삶아 먹는 것이 좋다.

새우는 열대, 온대, 한대에 걸쳐 널리 분포하고 맛도
좋아서 전 세계적으로 사랑받는 식품이다. 3,000여 종이
알려져 있으며 상업적으로 잡히는 것은 약 30종이라고
한다. 흔히 바다가재로 부르는 몸집이 큰 랍스터도 닭새

우라고 하는 새우 종류
이다. 우리나라에서 주로 잡히는
것은 보리새우·분홍새우·참새우·
젓새우 등이며, 크기에 따라 대하·중
하·소하로 나누기도 한다. 대하는 왕

△ 바다가재 요리.

새우라고도 하는데 큰 것은 크기가 25센티미터에 달하며,
모양을 제대로 살리는 스테이크, 찜, 튀김 등에 주로 쓴
다. 매년 가을 서해안 지방에서는 대하축제가 열리는데,
굵은 소금 위에 대하를 올려 구워 먹는 맛이 일품이다.

　보리새우는 껍데기에 검은 띠를 두른 듯한 줄무늬가
마치 자동차 바퀴와 같다고 해서 차새우라고도 부른다.
새우 중 가장 단맛이 강하고 살이 단단한 고급 품종이다.
일본 요리 전문점이나 해산물 전
문 식당에 가면 '오도리'라고 하
는 요리를 쉽게 볼 수 있다. 일본
어인 오도리는 춤을 춘다는 뜻인
데, 고급 횟감인 보리새우가 싱싱
해서 펄떡펄떡 뛴다고 하여 붙여
진 이름이다. 보리새우는 횟감뿐

△ 보리새우

만 아니라 튀김, 구이, 초밥 등에도 쓰이며 새우 중에서
쓰임새가 가장 다양하다. 분홍새우는 보리새우보다 작지
만 단맛이 좋아서 보통 초밥이나 생선회로 많이 즐긴다.
싱싱할 때는 투명한 몸에 빨간 반점이 퍼져 있는데 시간
이 지나면 검게 변한다. 참새우는 시바새우라는 일본 이
름으로 더 잘 알려져 있다. 가을에서 겨울까지 많이 잡히
고 값이 싸지만 맛은 떨어지는 편이다. 보통 시장에서는
껍데기를 벗겨서 살만 파는데 튀김이나 중국 요리 재료로
많이 쓴다. 작은 새우는 새우젓이나 마른 건새우를 만드
는 데 이용된다. 새우젓은 육젓과 추젓이 유명하다. 육젓
은 음력 6월에 잡은 새우로 담근 것으로, 담백하고 비린
내가 적어 새우젓 중 최고로 꼽힌다. 추젓은 음력 8월에
잡은 새우로 담근 것으로, 김장용 젓갈로 이용한다.

나쁜 콜레스테롤, 좋은 콜레스테롤

흔히 콜레스테롤을 성인병의 주범으로 몰아붙이는 경우가 많은데 이것은 잘못된 생각이다. 콜레스테롤은 무조건 나쁜 것이 아니라, 세포의 정상적인 구조와 기능을 유지하고 두뇌를 발달시키는 데 필수적인 물질이다. 우리 몸을 구성하는 세포막을 이루는 중요한 성분이기 때문에 세포를 하나의 집으로 생각한다면 콜레스테롤은 기둥과 같다고 보면 된다. 또한 지질 소화에 중요한 담즙의 주성분이고 성호르몬을 비롯한 스테로이드호르몬을 합성하기 때문에 우리 몸에 꼭 필요한 성분이다. 따라서 콜레스테롤을 전혀 먹지 않는 것보다는 하루 300밀리그램 이하의 적정량 이내로 섭취하는 것이 좋다. 보통 한 번에 먹는 새우 양인 50그램에는 65밀리그램의 콜레스테롤이 들어 있으므로 지나치게 걱정하지 않아도 된다.

콜레스테롤과 관련해서 기억해야 할 더 중요한 사실은 혈중 콜레스테롤은 콜레스테롤이 함유된 식품을 섭취하여 수치가 올라가기도 하지만, 과식이나 동물성 지방을 많이 먹어 생긴 중간물질로부터 몸속에서 합성된다는 점이다. 따라서 혈중 콜레스테롤 수준을 낮추려면 음식 중의 콜레스테롤 양에만 민감할 것이 아니라, 전체 식사의 양이나 동물성 지방 섭취를 줄여야 한다.

　혈중 콜레스테롤 수치가 기준치(140~200mg/dl)보다 높으면 심혈관계 질환의 위험이 높다고 여겨져 왔다. 이 수치는 LDL-콜레스테롤과 HDL-콜레스테롤 수치를 합한 것으로, 이 두 콜레스테롤은 체내에서 서로 다른 작용을 한다. 나쁜 콜레스테롤로 불리는 LDL-콜레스테롤(LDL은 저밀도 지방단백질을 뜻하며, Low Density Lipoprotein의 약자이다.)은 혈관계를 순환하면서 말초혈관 내벽에 플라그라는 물질을 축적시켜 동맥경화를 유발한다. 또한 혈관 내부가 좁아지면서 고혈압의 발생 원인도 될 수 있다. 반면 HDL-콜레스테롤(HDL은 고밀도 지방단백질을 뜻하며, High Density Lipoprotein의 약자이다.)은 말초혈관에 쌓인 콜레스테롤을 간으로 운반하여 배설시키는 청소부 역할을 한다. 그래서 동맥경화를 억제하여 심혈관계 질환을 막는 좋은 콜레스테롤이다. 따라서 최근에는 총 콜레스테롤 양뿐만 아니라 LDL, HDL-콜레스테롤 각각의 수치도 중요하게 생각한다. 혈중 LDL-콜레스테롤 농도가 정상 범위(65~130mg/dl)보다 높고 HDL-콜레스테롤 농도가 정상 범위(40mg/dl)보다 낮으면, 심혈관계 질환의 발생과 더욱 밀접하게 관련되기 때문이다.

한번 싸워 볼까, 게

억세게 생긴 두꺼운 껍데기와 위협적인 집게발을 가진 게를 먹을 때면 한번 싸워 볼까 하는 기분으로 소매를 걷고 마치 전투적인 자세로 상 앞에 바짝 붙어 앉기 마련이다. 게는 우리 속담에도 자주 등장한다. 게의 몸 밖으로 나와 있는 눈은 위험을 감지하면 몸속으로 재빨리 들어간다. 그래서 음식을 단숨에 먹어치우는 모습을 "마파람에 게 눈 감추듯 한다."라고 비유한다. 그리고 흥분하여 입가에 침이 번지며 말할 때 "게거품을 문다."라고 하는데, 이는 게가 호흡하기 위해 빨아들인 물을 아가미와 연결된 구멍으로 배출할 때 거품이 보이는 모습에서 나온 표현이다.

▽ 게

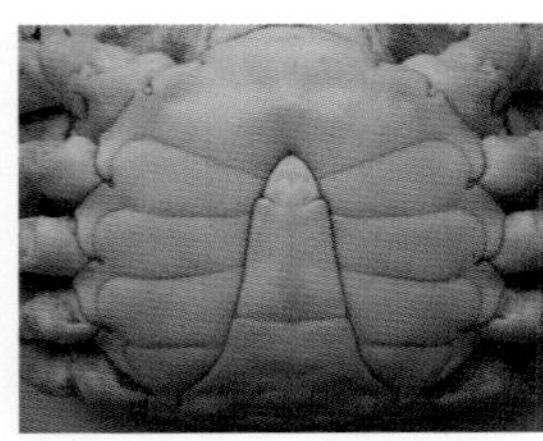

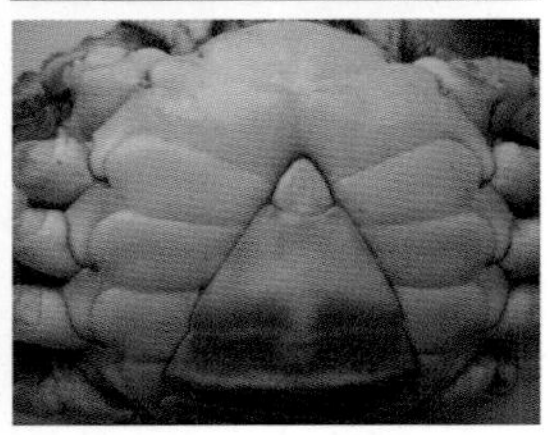

△ 게를 뒤집어서 배마디를 보면 위수컷과 아래암컷을 구별할 수 있다.

게는 잡는 시기에 따라 맛이 다른데 다른 바다생물처럼 산란기인 4~6월에는 맛이 떨어진다. 산란기 직전의 암컷이 가장 맛이 좋은데 산란기가 지나 알이 빠지면 오히려 수컷이 낫다. 게는 뒤집었을 때 배마디가 뾰족하면 수컷이고, 둥글면 암컷이다.

게는 필수아미노산이 풍부한 질 좋은 단백질이 양과 질적인 면에서 쇠고기와 거의 비슷하여 성장기 아이들에게 매우 좋다. 특히 곡류를 주식으로 하는 경우 부족하기 쉬운 라이신 함량이 많기 때문에, 쌀을 주식으로 하는 우리나라 사람들에게 영양적인 보충 효과가 크다. 또한 지질이 적고 맛이 담백하며 소화가 잘되기 때문에 환자나 노인뿐만 아니라 저지방, 고단백식이 필요한 비만·고혈압·성인병 환자에게도 권장할 만하다. 꽃게는 콜레스테롤 함량이 높은 편이지만 타우린도 다량 함유하고 있어 콜레스테롤을 크게 우려할 필요가 없다. 타우린은 혈압을 정상으로 유지시키는 조절 작용을 하며, LDL-콜레스테롤은 낮추고 HDL-콜레스테롤은 증가시켜 동맥경화를 예방하는 효과가 있다. 또한 알코올 해독 능력이 뛰어나 간을 보호할 수 있으므로 숙취 해소나 간장병 환자에게 도움이 된다. 예로부터 전해 내려오는 말에 게와 꿀을 같이 먹거나, 게와 감을 같이 먹으면 안 된다고 하는데, 이것은 싱싱하지 않은 게를 먹고 식중독을 일으키는 등 몸에 탈이 나서 생긴 말일 것이다. 게는 신선도가 빨리 떨어져 세균이 쉽게 번식할 수 있으므로 먹을 때 주의해야 한다.

우리들과 친숙한 게는 왕게·꽃게·참게·대게·털게 등이며, 게장을 담그는 데 이용되는 참게만 민물게이고 나머지는 바닷게이다. 바닷게는 싱싱하기만 하면 별 걱정이 없지만 민물게는 매우 조심해야 한다. 폐디스토마의 중간 숙주가 게이므로 폐디스토마에 걸릴 위험이 있기 때문이다.

꽃게는 우리나라에서 연중 잡히지만 5~6월과 9~11월에 비교적 많이 잡힌다. 늦가을의 게가 살이 단단하고 기름이 올라 가장 맛이 좋다. 게요리는 거의 꽃게로 한다고 말할 수 있다. 게 중에서 제일 큰 왕게는 영일만과 그 북쪽 동해안에서 대한해협까지의 추운 해안에서 잡히는

△ 여러 가지 게.

데, 주로 통조림이나 냉동품으로 만든다. 대게는 쪄서 다리를 뜯어 보면 연한 껍데기 속에 살이 꽉 차 있고 쫄깃하면서도 담백하다. 그러나 성장이 느려 11~12센티미터로 자라는 데 15년이나 걸리고, 그동안 너무 많이 잡아 멸종 위기에 있다고 한다. 대게라는 이름은 몸통이 커서라기보다는 길게 뻗은 8개의 다리가 대나무 마디를 닮았기 때문에 붙은 이름이다. 우리나라에서는 울진, 영덕, 포항 등지

에서 잡히고 있으며, '영덕 대게'라는 말로 유명하다. 그
런데 영덕 대게가 하도 유명해서 인근 지역에서 잡힌 게
를 영덕으로 실어 오기도 한다. 털게는 알래스카에서 우
리나라 동해에 이르는 한류 해역에서 많이 잡히는데, 껍
데기가 다른 것에 비해 부드럽고 살이 많다.

게의 자절과 뇌진탕

　게는 물고기에게 물리거나 바위틈에 끼면 집게다리나 걷는 다리를 자르고 도망간다. 이를 스스로 자른다고 해서 자절이라고 한다. 별 문제가 없어 보이는 게도 자세히 보면 집게다리나 걷는 다리가 없는 것이 의외로 많다. 몇 개월 지나면 재생되므로 게에게는 큰 문제가 안 되지만 요리 재료로 쓸 때는 상품 가치가 떨어진다. 요리 재료로 많이 쓰는 꽃게는 특히 자절하기 쉽다. 또한 싱싱할수록 자절하기 쉬우므로 수송할 때는 서로 상처를 주지 않도록 게를 고무줄로 묶어 두기도 한다.

　살아 있는 게를 삶을 때도 주의가 필요한데 게의 입 부분을 도마 등에 쳐서 뇌진탕을 일으켜야 한다. 게는 입을 둘러싼 신경이 뇌에 해당하기 때문에 입 부분에서 뇌진탕을 일으킨다. 그런 다음 게가 회복되기 전에 재빨리 뜨거운 물에 넣으면 자절하지 못한다.

인류의 구황 식품, 조개

조개는 연체류 특유의 쫄깃한 느낌과 함께 달짝지근한 감칠맛이 난다. 세계 어느 곳에서나 선사시대 이후로 수천 년 동안 쌓인 조개무지가 발견된다. 아무리 추워도 바닷물은 잘 얼지 않아 조개 무리는 서식했으므로 바닷가나 호숫가에 사는 사람들에게는 수렵이나 고기잡이보다 먼저 접할 수 있는 식량자원이었고, 중요한 단백질 공급원이었다. 인류학자들은 빙하기 이후 선사시대의 인류가 조개 무리를 따라 활동 범위를 넓혀 왔다고 본다. 따라서 조개는 인류를 살린 구황 식품이라고 할 수 있다.

△ 조개무지

조개의 영양 성분은 종류에 따라 차이가 있지만 약 8~15퍼센트의 단백질을 가지며, 단백질 공급원인 식품 중에서 지방이 적어 칼로리가 낮다. 지방 함량이 5퍼센트 이하여서 맛이 담백하고, 당질의 일종인 글리코겐과 아미노산, 호박산 등이 어우러져 특유의 달면서도 시원한 맛이 난다. 그래서 바지락·모시조개·재첩·대합 등은 찌개나 해장국의 재료로 환영받는다. 예전에는 조개에 콜레스테롤이 많다고 알려졌었는데 실제로는 그렇게 많지 않다는 것이 입증되었다. 체내에서 콜레스테롤의 흡수를 억제하는 베타-시토스테롤, 타우린 등의 성분이 어느 것보다 많아서 오히려 혈중 콜레스테롤 수치를 낮춘다는 연구 결과가 나왔으며 동맥경화, 고혈압 등을 예방하는 데 좋은 식품이다.

그러나 조개는 죽은 후 얼마 지나지 않아 근육이 굳어지면서 쉽게 변질되어 식중독을 일으키기 쉬우므로 특히 신선도 유지에 신경을 많이 써야 한다. 따라서 사 온 즉시 냉장고에 보관하고 가능한 한 빨리 먹는 게 좋다. 3~5월에 바다 수온이 높아지면서 생긴 유독성 플랑크톤을 먹은 조개에서는 패류 독소가 생겨 입술, 혀 등이 저린 느낌과 함께 마비되는 식중독을 일으키기도 하고, 많은 양을 먹었을 때는 호흡곤란으로 사망하기도 한다. 더구나 패류 독소는 고온에서 익혀도 사라지지 않기 때문에 봄철의 조개는 주의해야 한다.

조개는 옛날부터 식용으로 쓰이는 내용물뿐만 아니라 빈 껍데기도 상품이 되었다. 조개껍데기는 최초의 화폐였고 모양이나 색이 좋아 장신구로도 쓰였다. 우리나라에서는 전복, 진주조개, 야광조개 등이 나전칠기에 박는 자개로 이용되었다. 또한 고등 껍데기는 악기로 사용했으며, 뿔소라 껍데기에서 얻은 보라색 염료는 로마 제왕의 지위를 상징하는 보라색 옷을 만드는 데 쓰였다.

조개는 모래 속에 살면서 호흡을 하기 때문에 모래를 가지고 있다. 조개를 먹으면서 아마 한두 번쯤은 조개 속의 모래가 씹히는 별로 즐겁지 않은 경험을 했을 것이다. 따라서 음식을 만들기 전에 꼭 물에 담가 조개가 머금고 있는 모래를 토해내게 해야 한다. 이것을 흔히 '해감한다'고 말하는데, '해감을 뺀다'는 표현이 정확하다. 맹물이면 숨을 쉬는 능력이 떨어지기 때문에 바닷물과 비슷한 정도의 소금물이 좋다. 그러나 민물에서 잡히는 재첩 같은 것은 꼭 맹물에 담가야 한다.

조개를 재료로 하여 만들 수 있는 음식은 다양하지 않은 편이며, 보통 국이나 탕, 찌개에 넣거나 구워서 먹는다. 너무 오래 삶으면 급격하게 수축해서 질겨져 맛이 없기 때문에 국물을 내기 위한 것이 아니면 센불에서 단시간 살짝 익혀 먹는 것이 맛있다. 또한 조개는 비타민 B_1을 분해하는 효소가 있어서 날로 먹으면 비타민이 손실되기 때문에 익혀 먹어야 한다.

인기 있는 조개들

조개는 모양에 따라 세 종류로 나눈다. 고둥처럼 껍데기가 나사 모양인 종, 대합·홍합·바지락·꼬막 등 껍데기가 두 장인 종, 전복처럼 한쪽에만 껍데기가 붙어 있는 종이다. 그리고 우리가 흔히 잘 먹는 조개로는 모시조개, 바지락, 대합, 꼬막, 홍합, 전복 같은 것이 있다.

모시조개는 가을부터 봄까지가 제철인데 국물 맛을 내는 데 으뜸으로 친다. 실제로 감칠맛을 내는 호박산이 다른 조개의 10배이고 글리시닌이 많아서 단맛도 잘 난

모시조개

바지락

대합

꼬막

홍합

고둥

△ 대표적인 조개 종류.

다. 봄에 된장을 풀어 끓이는 냉잇국, 쑥국, 시금칫국 등에 잘 어울린다. 조개 종류 중에서 단백질이 특히 적고 지방도 적어 칼로리가 아주 낮은 식품이다.

바지락은 조개류 중 가장 흔하고 싸서 널리 쓰이며, 껍데기째 국물을 내면 시원하고 감칠맛이 난다. 겨울에서 봄 사이가 산란기를 바로 앞둔 시기여서 가장 맛있고 점차 맛이 떨어진다. 바지락으로 뽀얗게 우려낸 조갯국은 옛날부터 간 보호와 황달에 좋고 숙취를 해소한다고 해서 술안주나 해장국으로 많이 먹었다. 바지락 속에 들어 있는 글리코겐이 간을 보호하고 메티오닌, 시스틴 등의 아미노산이 해독 작용을 하며, 콜레스테롤 흡수를 방해하는 타우린 성분이 들어 있기 때문이다. 이처럼 바지락은 싸면서도 훌륭한 식품이라고 할 수 있다.

대합은 두 껍데기가 꼭 맞물려 있어 일본에서는 혼례 음식으로 장만하여 부부의 화합을 상징한다. 담수가 유입되는 얕은 갯벌에 많이 사는데 환경이 나쁘면 좋은 곳으로 이동하는 경향이 있다. 요즘은 수질 오염 탓인지 어획량이 줄고 있다. 대합은 글루탐산, 타우린, 글리신, 알라닌 등 맛을 내는 아미노산이 많아 진하고 깊은 맛을 낸다.

그래서 탕뿐만 아니라 구이, 찜 등의 음식에 쓰이는데 모래가 많으므로 특히 해감을 빼는 일에 신경 써야 한다.

　겨울철 제 맛인 꼬막은 하나씩 껍데기를 까 먹는 재미가 쏠쏠하다. 새꼬막, 피조개도 꼬막의 사촌쯤 되는데 꼬막은 껍데기의 줄이 17~18개, 새꼬막은 30개 정도, 피조개는 40개 정도이다. 꼬막은 『동국여지승람』에 전라도의 특산품으로 기록되어 있는데, 벌교·진해·충무 같은 곳 내륙 쪽 만의 갯벌에 산다. 예로부터 "벌교에서 주먹 자랑하지 말라."는 말이 있다. 이는 벌교 사람들이 힘이 세다고 하여 전해지는데, 이 말이 벌교 사람들이 매일 먹는다는 꼬막을 유명하게 만들었다. 꼬막은 개흙이 많이 묻어 있으므로 손질할 때 박박 문질러 깨끗하게 씻어 해감을 뺀다. 조개류 중에서는 단백질이 많은 편이고 필수아미노산과 칼슘도 많아 어린이 성장 발육에 좋다. 또한 혈액을 만드는 데 필요한 철분과 비타민 B_{12}가 풍부하여 빈혈 예방에 좋아서 자주 먹으면 혈색이 좋아진다고 한다. 꼬막은 보통 삶은 후 한쪽 껍데기를 떼어 내고 양념장을 얹어 반찬으로 먹는다.

　홍합은 살이 붉어서 붙여진 이름인데, 담채·담치·

섭조개·합자 등 다른 이름으로도 불린다. 『규합총서』에는 바다의 모든 것이 짜지만 홍합만 싱겁기 때문에 담채라고 했다는 기록이 나온다. 홍합은 날것으로는 먹지 않는다. 국물이 시원하게 우러나기 때문에 탕이나 미역국에 넣고, 쪄서 꼬치에 꿰어 말려 두었다가 조려서 홍합초를 만들거나 제사상의 탕을 만들 때 쓴다. 우리나라에서는 흔하고 값이 싸서 아주 서민적인 조개지만, 프랑스나 이탈리아 등 지중해 연안에서는 해물 요리에 많이 쓰며 비싼 편이다.

전복은 조개류의 황제라고 불릴 정도로 맛과 영양이 매우 좋다. 특히 제주도 전복은 옛날 진시황이 찾았다는 불로장생 식품 가운데 하나로 꼽힐 만큼 귀하고 비싸다. 수심 20~60미터 깊이에서 암초에 붙어 미역이나 다시마 등을 먹고 살기 때문에 내장에서 나는 해조류의 맛이 별미라 전복 내장부터 챙겨 먹는 사람들이 많다. 산란기가 11월이기 때문에 산란기 전인 8~10월이 제철이고 겨울에는 맛이 좋지 않다. 회로 먹으면 자근자근한 촉감과 감칠맛이 나고, 죽이나 찜을 만들기도 하며 말려서도 많이 먹는다. 찌거나 말리면 아미노산, 핵산, 타우린 같은 성

분이 농축되므로 더 맛있어진다. 전
복을 말리면 표면에 오징어나 문어
처럼 흰 가루가 생기는데 이것이
바로 피로 회복을 도와주고 체내
콜레스테롤을 낮춰 주는 타우린

△ 전복

이다. 말린 전복은 전복쌈이나 전복초 같은 고급요리에
쓰인다. 전복은 고단백 저지방의 저칼로리 식품이다. 단
백질은 필수아미노산이 많고 글루탐산, 루이신, 아르기
닌 등이 독특한 감칠맛을 준다. 여기에 철분, 마그네슘,
칼슘, 인 등의 무기질과 비타민이 풍부해서 원기를 회복
하는 데 좋기 때문에 환자의 회복식으로 전복죽을 애용
한다.

바다의 우유, 굴

물고기 같은 수산물을 그다지 좋아하지 않는 서양인도 굴
만은 날것으로 먹을 정도로 매우 좋아한다. 고대 그리스
인들은 투표 때 납작한 굴 껍데기에 마음에 들지 않거나
귀양을 보낼 사람의 이름을 적어 추방했다는 이야기가 전

해진다. 고대 로마에서 초보적인 굴 양식을 했다는 기록으로 보아 아주 옛날부터 굴을 많이 먹었다는 사실을 알 수 있다.

굴은 날이 추워질수록 맛이 더 좋다. 서양에서는 영어 철자에 R가 들어가지 않는 달, 5~8월May, June, July, August에는 굴을 먹지 않는다. 이때가 굴의 산란기여서 난소가 너무 발달해 맛이 아리고, 날씨가 더워서 신선도가 떨어져 부패하기도 쉽기 때문이다. 따라서 산란기에 대비해 영양을 비축하는 가을에서 겨울까지가 제철이다. 대개 10월에서 3월까지를 굴 먹는 시기로 보는데, 이 시기에 당질인 글리코겐 양이 가장 많아 맛이 좋고 비타민 B_{12}, 철분, 아연, 구리도 많아져서 영양가도 높다.

굴은 수산물 중에서 영양 성분이 거의 완전하며 우유만큼이나 풍부한 무기질을 갖고 있어 '바다의 우유'라고 부른다. 또한 '글리코겐의 왕'이라고 불릴 정도로 당질 중 에너지로 바로 사용할 수 있는 글리코겐 양이 많아서 소화 흡수가 잘되고, 맛도 부드러워서 성장기 어린이나 회복기 환자, 노인에게 아주 좋은 식품이다. 더구나 칼슘이 풍부하고, 철분의 함량은 쇠고기의 두 배이며 구리도

△ 바닷가 바위에 붙어 있는 굴.

많아서 빈혈을 예방하는 데 좋다.

굴은 염분이 낮은 해안의 암초에 붙어 살기 때문에 석화石花라고도 부른다. 굴 유생은 바다에 떠다니다가 바위에 붙으면 자리를 옮기지 않고 그 자리에서 큰 굴이 될 때까지 자라므로 양식하기가 쉽다. 우리나라는 삼면이 바다일 뿐만 아니라 해안선이 길고 완만하여 굴 양식에 적합하다. 특히 남해안의 통영 부근과 여수만이 청정 해역으로 이름난 굴 산지이다.

굴은 겨울철 대표적인 건강 식품으로 맛이 향긋하고 촉감이 부드럽다. 이 맛은 날것일 때 가장 좋은데, 조직이 연해서 신선도가 쉽게 떨어진다. 생굴을 먹을 때는 레몬즙, 초고추장, 초간장 등과 함께 먹는다. 이렇게 신맛이 들어간 소스를 뿌리면 비린내를 없애고 식중독균의 번식을 억제할 수 있다. 또한 철분의 흡수와 이용을 돕는 효과도 있다. 굴을 넣은 요리는

△ 건강식품으로 유명한 생굴은 주로 신맛이 나는 소스와 함께 먹는다.

무엇이나 몸에 좋다고 한다. 우리나라에서는 회나 젓갈로 생식을 하거나 두부를 같이 넣고 국이나 탕을 끓이기도 하며, 김치에 넣어 영양가를 높이고 시원한 맛을 내기도 한다. 서양에서는 애피타이저로 쓰이는 굴 칵테일·튀김·그라탱·수프·차우더 등 다양하게 조리하여 먹는다.

: 사랑의 묘약, 굴

　서양에서는 "굴을 먹어라. 더 오래 사랑하리라."라는 속담이 있을 정도로 예전부터 굴을 정력제로 여겨 집착에 가까울 만큼 좋아했다. 고대 로마제국의 황제 위테리아스는 굴을 좋아해서 한 번에 1,000개씩 먹었다는 이야기가 전해지는가 하면, 갈리아의 아우소니우스 시인은 기원전 4세기경 여러 지방의 굴과 그 문화에 대한 자세한 기록을 남겼다. 또한 나폴레옹, 비스마르크, 카사노바도 굴 애호가로 알려져 있다.

　굴에는 아연, 타우린, 글리코겐 같은 성분이 많아 정력에 좋다고 한다. 아연은 남성호르몬인 테스토스테론 분비를 촉진해서 정자를 만드는 데 관여하는데, 굴은 아연을 가장 많이 가진 식품이다. 성인 남자의 경우 아연의 하루 권장량은 10밀리그램인데 보통 한 번에 먹는 80그램 정도의 굴에는 14.5밀리그램이 들어 있다. 쇠고기 한 접시에 3밀리그램, 달걀 1개에 0.72밀리그램이 들어 있는 것에 비하면 놀랄 만한 양이다. 또한 굴에 함유된 글리코겐은 에너지원으로서 흡수가 빠르고, 타우린이 피로 회복을 돕는다는 것을 생각하면 이 속담이 구전되는 이유를 알 수 있다.

한국인이 좋아하는 오징어

쫄깃쫄깃한 것을 씹기 좋아하는 우리나라 사람들은 오징어·문어·낙지를 즐겨 먹으며, 반찬·간식·술안주 등으로 두루 이용해 왔다. 우리나라의 연간 오징어 어획량은 30~40만 톤으로 세계 2위이며, 이 중 25퍼센트는 연근해에서, 75퍼센트는 외국 해역에서 잡는다. 오징어는 낮에는 수심 100미터 정도의 깊은 바다 속에 살지만 밤에는 바다 표면 가까이 떠오르는 습성이 있고 불빛을 좋아한다. 이러한 습성을 이용해 밤에 밝은 불(집어등)을 켜 놓고 유인해, 수심 30센티미터 정도까지 떠오르면 낚시로 오징어를 낚거나 저인망, 정치망을 이용해 잡기도 한다. 오징어는 좋은 환경에서는 내장까지 보일 정도로 투명하지만, 흥분하거나 스트레스를 받으면 적색이나 다갈색으로 변하고 죽은 것은 희게 변한다. 또한 공기와 접촉하면

금방 갈색으로 변하므로 잡아 올리는 즉시 상자에 담는 것이 좋다.

오징어는 '묵어', '오적어'라고도 부른다. 묵어는 먹물을 가지고 있어서 붙은 이름이고, 오적어는 '까마귀烏를 잡아먹는 도적賊'이라는 뜻으로 오징어가 물에 떠 있다가 바다에 내려 앉은 까마귀를 잡아먹는다고 하여 유래된 말이다. 또한 일설에는 까마귀가 오징어를 자신의 검은색을 훔쳐간 도적으로 생각하여 쫓아가고, 오징어는 먹물을 뿜으며 도망친다고 하여 생긴 말이라고도 한다.

오징어는 머리·몸통·다리 세 부분으로 나뉘며, 머

리가 10개의 다리가 붙은 곳에 숨겨져 있어 두족류라고 한다. 10개의 다리 중 2개는 특히 길며, 평소에는 주머니 속에 들어 있다가 먹이를 잡거나 교미할 때 뻗는다. 흔히 머리로 알고 있는 삼각형 부위는 헤엄칠 때 방향을 잡는 지느러미이다.

오징어는 살오징어, 갑오징어, 화살오징어, 꼴뚜기 등이 흔히 먹는 종류이다. 살오징어는 마른오징어의 주원료가 되며, 7~11월에 울릉도와 속초 근처에서 많이 잡힌다. 오징어는 건조 과정에서 맛을 내는 성분들이 더 농축되고 근섬유가 수축되어 씹을 때 독특한 촉감이 느껴진다. 특히 울릉도의 마른오징어는 살이 두껍고 맛 성분이 많아 유명하다. 마른오징어 표면에 있는 하얀 분말은 우리 몸에 좋은 성분이므로 가루를 털지 않고 껍질째 먹는 것이 좋다. 오징어의 단백질은 다른 생선이나 고기와는 달리 4개 층의 조직이 서로 교차되어 직각으로 얽혀 있다. 마른오징어를 구우면 동그랗게 말리는데, 열을 가하면 4개 층 중에서 내부 근육층의 콜라겐이 수축하여 바깥쪽 층이 당겨지기 때문이다.

△ 오징어를 말리는 모습.

갑오징어는 살이 두툼하고 가운데에 석회질로 된 하얀 뼈가 들어 있다. 5~6월경 전라도 변산반도 앞바다에서 많이 잡히는데 몸이 두꺼우면서도 부드럽고 맛이 있어 횟감으로 쓰이고, 중국 요리에서는 탕의 건더기로 쓴다.

화살오징어는 한치라고도 하는데, 다리가 한 치(3센티미터) 정도로 짧다고 해서 붙여진 이름이다. 몸이 가늘고 지느러미는 마름모꼴이며, 긴 원뿔 모양으로 끝이 뾰족하다. 9월경에 잡히기 시작하여 겨울에 가장 많이 잡힌다. 살오징어보다 연하고 맛도 뛰어나서 가늘게 채 썰어 양념한 초고추장을 넣고 물회로 먹거나, 여러 가지 채소와 함

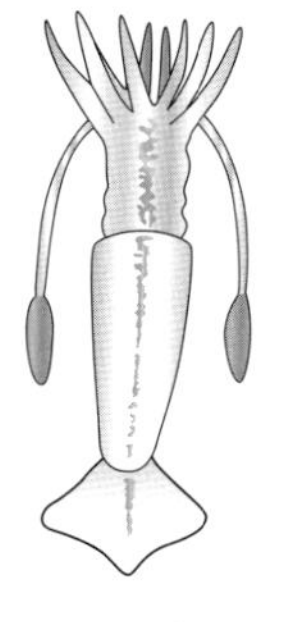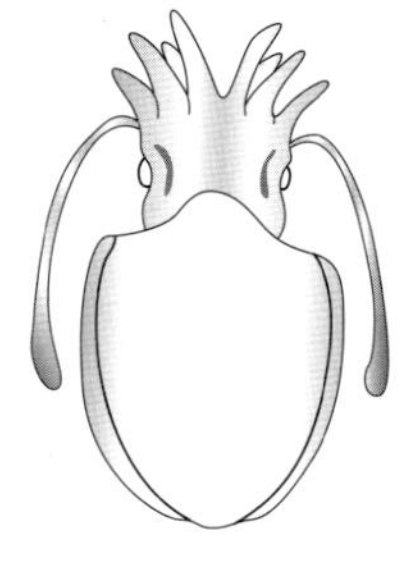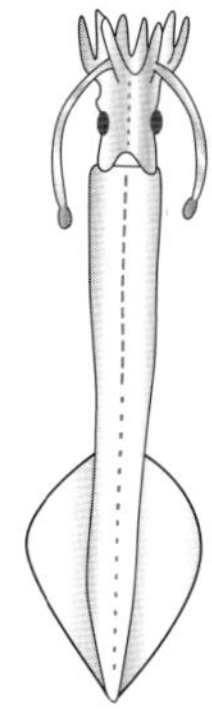

△ 왼쪽 살오징어, 가운데 갑오징어, 오른쪽 화살오징어(한치)의 모습 비교.

께 비빔밥에 넣어 먹는다.

꼴뚜기는 "어물전 망신은 꼴뚜기가 시킨다."는 말로 유명하다. 아마 크기가 작고 볼품없어서 생긴 말인 듯한데, 실은 봄에 잠깐 나오므로 귀한 몸이다. 삶아서 숙회로 먹거나 소금을 뿌려 발효시켜서 젓갈을 만들어 먹는다.

△ 꼴뚜기

: **오징어**의 먹물

　오징어를 일본에서는 먹물물고기, 독일에서는 잉크물고기라고 하듯이 오징어와 먹물은 뗄 수 없는 관계이다. 왜 오징어는 먹물을 뿜어 댈까? 주된 목적은 적을 속이기 위한 것이다. 바다 속에서 적을 만나면 오징어는 자기 크기 정도로 먹물을 뿜어 마치 그것이 자신인 것처럼 속인다. 먹물은 점액이 많아 얼마 동안 흩어지지 않기 때문에 효과가 더욱 크다. 그러나 깜깜한 심해에 사는 오징어는 먹물 대신 발광 물질을 내뿜는다고 한다. 거기에서는 검은 먹물이 소용없기 때문이다.

　오징어 먹물은 암갈색의 멜라닌 색소이다. 예전에는 보통 이 먹물을 버렸지만, 1990년 무렵 오징어 먹물에 항암 효과가 있다고 밝혀지면서 주목받기 시작했다. 지금은 오징어 먹물이 들어간 빵, 라면, 과자, 포테이토칩 등 다양한 상품이 나와 있다. 마른오징어를 만들 때 대량의 폐기물에 불과했던 오징어 먹물이 이렇게 빛을 보게 된 것이다.

원기를 돋우는 낙지

『자산어보』에 낙지는 "살이 희고 맛은 달콤하고 좋으며 이
것을 먹으면 사람의 원기를 돋운다."고 소개했다. '낙제
어'라는 별명도 가지고 있는데, 옛날에는 과거를 볼 때 낙
지를 먹으면 낙제한다고 해서 금기 식품으로 여겼다는 이
야기도 전해진다. 낙지는 오징어와 달리 근육 조직의 방향
성이 일정하지 않고 탄력 있는 하나의 덩어리로 되어 있어
씹으면 자근자근하다. 그러나 오래 가열하면 질겨지기 쉬
우므로 살짝 익혀, 통통하고 연할 때 먹는 것이 좋다. 특히
세발낙지는 작고 조직이 부드러우며 고소하여 더 맛있다.
세발낙지는 발이 세 개라는 뜻이 아니라, 발이 가늘고 작
아 '가늘 세細'를 써서 붙여진 이름이다. 낙지와 모양이 비
슷하지만 크기가 작은 것으로 철사에 끼워 파는 주꾸미가
있다. "봄 주꾸미, 가을 낙지."라는 말이
있듯이 주꾸미는 봄에 맛있고 낙
지는 가을에 제 맛이 난다. 주
꾸미는 초봄이 산란기인데
이때가 되면 주꾸미에 알
이 가득 차서 맛이 아주

△ 낙지

좋다. 낙지나 주꾸미는 데쳐 먹기도 하고, 전골이나 찌개를 끓이는 등 다양한 요리 방법이 모두 잘 어울린다.

관혼상제에 쓰이는 문어

투명하고 푸른 바다에서 괴물 크라켄이 등장해 해적선 블랙펄을 덮쳐 침몰시키는 장면은 영화 〈캐리비안의 해적—망자의 함〉에서 가장 압권인 장면이다. 크라켄은 고대 유럽의 전설에 등장하는 대형 문어로 오래전부터 많은

△ 문어

배를 침몰시키고 촉수를 뻗어 사람을 잡아먹는다고 전해져 선원들에게는 공포의 대상이었다. 거대한 문어가 사람이나 소를 덮쳐 바다 속으로 끌고 들어갔다는 이야기도 동서고금에 걸쳐 수없이 많다. 문어는 연체동물 중 가장 크며, 게다가 다리에 두 줄로 난 힘 있게 달라붙는 빨판이 수백 개에 이르니 그런 공포심을 일으킬 만도 하다. 그러나 문어는 육지에 올라오면 근육이 늘어져 힘을 쓰지 못하므로 사람이나 소를 덮치는 일은 불가능하다. 유럽에서는 '악마의 물고기'라고 하여 먹지 않는 나라도 많지만, 우리나라와 일본에서는 데쳐서 회로 먹거나 초밥을 만들고, 문어 모양 그대로 말려 제사상에 올리기도 한다.

오징어, 문어, 낙지의 영양 성분

오징어, 문어, 낙지는 영양 성분이 거의 비슷하며, 고단백 · 저지방 · 저열량 식품이다. 단백질 양이 보통 20퍼센트 정도로 쇠고기, 돼지고기 못지않게 많다. 질도 좋은 편인데 단백질을 구성하는 아미노산 중에서 특히 라이신이 많다. 주식인 쌀이나 밀가루에는 라이신, 트레오닌, 트립

토판 등의 아미노산이 부족하므로 함께 섭취하면 식사의 전체적인 질을 높일 수 있다. 지질의 양은 1퍼센트 정도로 적으나 EPA, DHA 등을 갖고 있어 성인병을 예방할 수 있다. 보통 오징어에 콜레스테롤이 많다고 꺼리는 경우가 있는데 실제로 생오징어는 100그램당 300밀리그램, 마른오징어는 850밀리그램으로 적은 편은 아니다. 그러나 혈중 콜레스테롤 증가를 억제하는 타우린도 많이 들어 있기 때문에 걱정할 필요는 없다. 오징어, 낙지, 문어 속에는 보통 생선의 2~3배, 육류의 25~66배 정도의 타우린이 들어 있다. 옛날 기록을 보면 고혈압, 심장병 등의 순환기 질환에 좋다고 하여 낙지나 문어를 푹 고아 먹었다고 하는데, 현대 과학으로 하나 둘씩 그 근거가 밝혀지고 있다. 오징어는 좋은 점이 많지만 단백질과 인산이 많은 강한 산성 식품이므로, 소화가 잘 안 되거나 위산이 많이 나오는 사람은 피하는 것이 좋다. 그리고 산을 중화하기 위해 알칼리성인 채소를 곁들여 먹는 것이 영양적인 균형 면에서도 바람직하다. 따라서 오징어 볶음을 할 때 양파, 당근 같은 채소를 함께 넣거나 데친 오징어를 미나리에 감아 먹는 강회는 좋은 조리법이라고 할 수 있다.

바다가 준 선물, 해조류

해조류란 바다에서 자라는 수중 식물을 말하는데, 세계에는 약 1만 종류 이상이 있으며, 가지고 있는 색소의 종류에 따라 보통 녹조류, 갈조류, 홍조류의 세 무리로 분류한다. 파래 등의 녹조류는 녹색을 띠고, 미역이나 다시마, 톳 등의 갈조류는 선명한 녹색이 아닌 갈색이나 흑갈색을 띤다. 우뭇가사리, 김 등의 홍조류는 붉은색을 띤다.

해조류는 육상식물과는 달리 뿌리, 줄기, 잎의 구분이 없다. 몸을 구성하는 모든 세포가 필요한 영양분을 해수에서 직접 흡수하고, 엽록체에서 녹말을 만든다. 즉, 해조류는 무기질과 비타민이 들어 있는 바닷물을 표면으로 듬뿍 빨아들이면서 자라기 때문에 사람의 생리 기능을 보조하는 무기질과 비타민의 좋은 공급원이 된다. 요즘은 재배 방법의 발달로 사시사철 채소와 과일을 먹을 수 있지만, 자연적으로는 12월 초부터 2월 말까지가 채소와 과일이 없는 계절이다. 이때 미역, 다시마, 김, 톳 등의 해조류가 수확되는 것을 보면 자연의 조화로움을 알 수 있다.

인류가 해조류를 이용하기 시작한 때는 약 2,000년 전으로 거슬러 올라간다. 기원전 3세기 진나라 시황제가 불로장생약을 구하기 위해 사신을 동쪽으로 보냈는데, 그 약 가운데 하나가 바로 다시마였다고 하니 한국, 일본, 중국 등 아시아권에서는 옛날부터 해조류의 효능을 알고 있었던 것 같다. 또한 해조류에는 비타민, 무기질 외에도 '미끌미끌한 식이섬유'가 들어 있다. 이 성분은 칼로리가 없고 흡수되지 않으면서도 먹으면 배가 부른 느낌을 주기 때문에 미용과 다이어트 효과가 클 뿐만 아니라, 최근 문제가 되는 대장암 · 당뇨병 · 고혈압 예방에 도움이 되고 콜레스테롤 수치를 낮출 수 있다고 알려졌다. 이 외에도 해조류에는 아직도 알려지지 않은 유효 성분과 기능이 많다. 이런 면에서 보면 서구의 여러 나라 사람들보다 일본이나 우리나라 사람들이 대장암이나 당뇨병에 덜 걸리는 것도 해조류를 즐겨 먹기 때문인 것 같다. 실로 해조류는 '바다가 준 선물'이라고 할 수 있다.

△ 물속의 해조.

　예로부터 한국, 일본, 중국 등지에서는 김·미역·파래·다시마 등을 식품으로 이용해 왔으나 다른 나라에서는 비료·동물사료 등으로 사용이 제한적이었다. 그러나 최근에는 많은 기능성 물질에 대한 연구 결과가 발표되면서 공업 원료, 의약품 등으로 이용 범위가 넓어지고 이용량도 세계적으로 연간 300만 톤을 넘는다. 예를 들면 실험실에서 미생물의 배양 배지로 많이 쓰이는 아가agar도 해조류의 세포벽에서 추출한 고분자 화합물이며, 이 외에도 해조류는 제과·제빵·통조림업체에 이르기까지 광범위하게 사용된다.

: **알긴산** 이야기

　　미역이나 다시마를 물에 불리면 미끈거리는 점액질이 생긴다. 알긴산 alginic acid은 바로 이 점액질 성분으로, 미역이나 다시마 같은 갈조류의 20~30퍼센트를 차지하는 섬유질이다. 채소나 과일에 있는 식물성 섬유질인 셀룰로오스와 마찬가지로 에너지를 내지 않지만, 몸속에서 여러 가지 역할을 한다. 우선 칼로리가 없고 장내의 수분을 잡아끌어 보유하는 힘이 좋기 때문에 적당히 배부른 느낌을 주면서 변비를 막아 준다. 또한 남는 소듐과 결합하여 배설시키므로 혈압을 조절할 수 있다. 실험용 쥐의 먹이에 3퍼센트 정도 알긴산을 섞어 먹인 결과 간이나 혈액에 있는 콜레스테롤 수치가 10~40퍼센트나 감소했다고 한다. 따라서 동맥경화, 심근경색 등의 혈관질환 예방에 도움이 된다. 그리고 중금속이나 다이옥신 같은 유해 물질을 배설시키는 데도 효과가 크다. 최근에는 알긴산 성분이 노화를 촉진하는 활성산소를 제거해서 피부 미용에 좋다는 결과까지 나오면서 미역이나 다시마 성분을 얼굴에 붙이는 해조팩, 목욕물에 넣는 해조탕이 유행하고 있다. 좋은 성분을 직접 피부에 접함으로써 피부 노화도 방지하고 미용 효과도 높이겠다는 발상인 듯하다.

피를 맑게 하는 미역

한국인에게 미역은 탄생을 의미한다. 만삭인 임신부가 있는 집에서는 출산 준비 중의 하나로 좋은 미역을 구해 두었고, 오랜 진통 끝에 아이를 낳은 산모는 미역국과 흰쌀밥을 '첫 국밥'으로 먹었다. 그리고 미역은 출산 후 몇 주 동안은 매일 빼놓지 않고 먹는 필수 음식으로 여겨져 왔다. 오늘날 미역이 자궁의 수축을 돕고 젖 분비를 촉진하는 등, 산모의 회복을 돕는다고 알려지면서 전통적인 산후 조리 음식인 미역국이 더욱 설득력을 얻고 있다. 그런데 재미있게도 우리는 시험이나 선발에서 낙방했을 때

▽ 미역

"미역국 먹었다."는 표현을 쓰고, 많은 사람들이 중요한 시험이나 발표가 있는 날 아침에는 미역국을 먹지 않는다. 아마 미역 하면 떠오르는 미끌미끌함이 시험에 떨어질 것 같은 느낌을 주는 것 같다. 사실 미역국은 우리에게 너무나 친숙하고 오랜 음식이다. 중국의 『본초강목』에도 고려의 미역국에 대한 이야기가 나온다. "고려의 미역을 쌀뜨물에 담가 짠맛을 빼고 국을 끓인다. 이 미역국은 조밥이나 멥쌀밥과 함께 먹으면 매우 좋다. 기를 잘 내리고 이것과 어울리지 않는 음식이 없다."라고 적혀 있어, 고려의 미역국이 중국에까지 알려졌음을 알 수 있다.

미역은 우리나라 바닷가에서 쉽게 구할 수 있는 해조이고 그만큼 친숙한 음식이다. 자연산 미역은 암초에 붙어 살며, 우리나라에서는 1960년대에 처음으로 인공 양식에 성공하여 현재 유통되는 것은 대부분 양식 미역이다. 미역은 성장 속도가 빨라 3~5개월 후에 몸길이가 1~2미터에 달할 만큼 쑥쑥 자란다. 채취한 미역은 배로 끌어올려 불순물을 제거하고 뜨거운 물에 담가 염분을 뺀 다음 말린다. 보통 수심이 2~3미터이고 파도가 적당한 내만의 입구에서 자란 것이 품질이 좋은데, 우리나라에서는 부산시 기장군 앞바다에서 생산되는 기장미역을 최고로 친다.

미역은 칼로리가 극히 적고 비타민, 무기질의 종류와 양은 채소보다 더 많아서 '바다의 채소'라고 불린다. 비타민 $A \cdot B_1 \cdot B_2 \cdot C$ 등과 칼슘, 요오드, 소듐, 칼륨 등의 무기질이 많다. 미역의 칼슘은 산후의 자궁 수축과 지혈을 돕고 초조감을 해소하는 데 도움이 되며, 요오드는 갑상선 호르몬의 성분으로 체온과 땀을 조절하고 신진대사를 촉진하여 산모의 부기를 내린다. 이러한 과학적인 사실이 밝혀지기 훨씬 전부터 우리 선조들은 미역국을 필수적인 산후 조리식으로 이용했으니, 그 지혜가 놀라울 뿐이다.

한방의학에서는 "미역이 피를 맑게 한다."라고 한다. 피가 깨끗하고 맑아야 피의 흐름이 좋아지고 각 조직의 세포들이 생명 활동에 필요한 영양소와 산소를 원활히 공급받을 수 있다. 미역이 피를 맑게 한다는 것은 미역 속의 알긴산이 지질과 콜레스테롤을 감소시켜 혈관 내에 침착되는 양을 줄인다는 뜻으로, 선조들의 지혜가 과학적으로 증명되었다고 할 수 있다.

맛있는 검은 종이, 김

우리 밥상에서 겨울철 늘 한자리를 차지하는 것이 김이
다. 요즘은 보통 공장에서 구워 나온 포장된 김을 먹는다.
하지만 예전에는 한 장씩 비벼 티를 고르고, 참기름이나
들기름을 골고루 발라 소금을 뿌려서 재워 놓은 김을 태
우지 않고 솜씨 있게 구워 냈다. 방금 구워진 김의 바삭바
삭하면서 고소한 맛이란……. 김을 먹기 좋게 자르는 어
머니 곁에서 야단을 맞으면서도 서로 입에 넣곤 했다. 김
은 날씨가 추워지는 초겨울부터 겨우내 좋은 반찬이 되어
주는데, 날이 더워지면 맛이 떨어진다. 김은 여러 가지 영
양소가 많은 훌륭한 알칼리성 식품이다. 식물인데도 단백
질이 35~40퍼센트에 달하고 질도 우수하다. 비타민 A,
B_1, B_2, C 등 다양한 비타민이 풍부하고 칼슘과 무기질도
많다. 마른 김 한 장에 달걀 2개 분량의 비타민 A와 쌀밥
한 공기 분량의 비타민 B_1이 들어 있다. 동일한 무게로
비교하면 굴의 세 배에 해당하는 비타민 C와 우유보다 많
은 비타민 B_2가 들어 있다. 김 한 장의 무게는 2~3그램밖
에 안 되고 한 사람이 한 끼니에 두어 장밖에 안 먹으므로
영양가를 과신하면 안 되겠지만, 꾸준히 먹으면 푸른 채

소를 구하기 어려운 겨울철에 비타민과 무기질의 좋은 공급원이 되어 준다.

"김을 매일 먹으면 위궤양을 예방한다."라는 말이 있다. 궤양이란 위나 십이지장 등의 점막에 상처가 생기

△ 마른 김.

고 허는 증상인데, 김에는 이를 막는 항궤양성 물질이 들어 있다고 입증되었다. 일본에서 행해진 동물실험 결과 위궤양에 걸린 흰쥐에 김의 추출 성분을 투여했을 때 위궤양이 억제되었고, 이 성분은 포르피오신이라는 것이 밝혀졌다.

김은 우리나라의 청정 해역인 완도, 여수, 순천, 강진 쪽이 중심 생산지이다. 양식하여 채취한 김은 바닷물에 깨끗이 씻어 짧게 자르고 사각진 발에 촘촘히 붙여 말린다. 채취하는 시기에 따라 맛이나 향, 단백질 함량이 다른데 겨울철 김이 가장 맛이 좋다. 좋은 김은 빛깔이 검고 광택이 나며 구멍이 별로 없고 향기가 좋다. 김을 먹지 않는 서양인들은 그 검은 종이가 무엇이냐며 신기해 한다.

김을 불에 살짝 구우면 청록색으로 변하는데 김이 갖고 있는 붉은 색소인 피코에리스린이 청색 색소인 피코시안으로 바뀌기 때문이다. 그러나 습기가 차거나 볕에 나와 있던 것은 구워도 청록색으로 변하지 않고 향도 없다. 따라서 김을 보관할 때는 밀폐된 통에 담아 어둡고 서늘한 곳에 두어야 한다.

김은 봄철이 지나 더워지면 맛이 떨어지고 그대로 두면 뭉치면서 붉게 변한다. 이런 묵은 김으로 여러 가지 음식을 만들 수 있는데, 찹쌀풀을 발라 말려 부각이나 자반을 만들어 튀겨 먹기도 하고, 양념장으로 무치거나 조림, 장아찌 등 밑반찬을 만들어 먹기도 한다. 그러나 김 하면 가장 먼저 떠오르는 것은 소풍날 어머니가 분주히 마련하시던 참기름 냄새 솔솔 나는 김밥일 것이다. 색색의 야채와 밥을 말아 싼 김밥은 화려한 색깔만큼이나 소풍 가는 마음을 들뜨게 했는데, 이제는 쉽게 사 먹을 수 있는 흔한 음식이 되었다. 그래서 고소한 참기름 냄새 배어 있던 도시락 속의 어머니 사랑이 더욱 그리워지는 것은 아닐까 싶다.

진시황의 불로초, 다시마

다시마는 맛을 내는 재료로 예로부터 널리 이용되어 왔고, 잘 만들어진 다시마 국물은 고기 국물이나 어떤 화학 조미료보다 더 맛있다. 다시마의 깔끔하고 산뜻한 감칠맛은 어디서 오는 걸까? 다시마의 맛 성분은 여러 물질인데, 1908년 일본의 이케다 기쿠나에池田菊苗 박사가 발견한 글루타민산이 감칠맛을 내는 성분으로 가장 먼저 밝혀졌다. 이후 글루타민산은 유명한 조미료로 제품화되어 현재 쓰이는 대부분 화학조미료의 주성분이 되었다. 다시마의 표면에는 하얀색 가루가 보이는데, 이것은 만니톨이라고 하는 수용성 당 성분으로 시원한 맛을 내므로 음식을 만들 때 물에 씻어 내지 말아야 한다. 그리고 요오드나 비타민 등도 다시마 국물 맛을 내는 성분이다.

△ 다시마

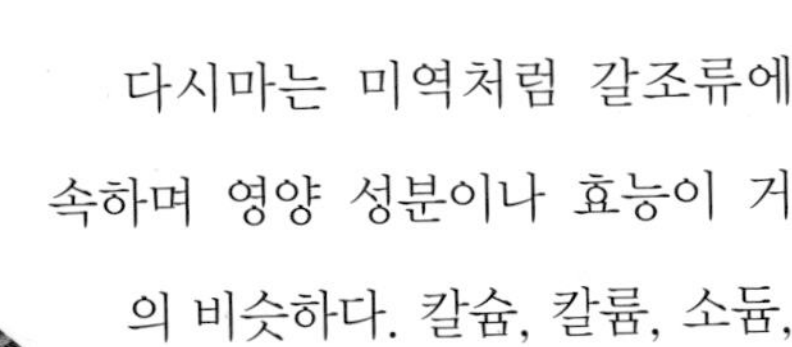

다시마는 미역처럼 갈조류에 속하며 영양 성분이나 효능이 거의 비슷하다. 칼슘, 칼륨, 소듐, 아연 등의 무기질을 많이 갖고 있으며 소화 흡수율도 좋은 편이다. 우리나라는 짜게 먹는 습관이 있어서 고혈압 발생률이 상당히 높은 편이다. 앞서 말했듯이 짜게 먹으면 세포외액의 소듐 이온 농도가 높아지고 삼투현상에 의해 세포외액의 양이 많아져 고혈압이 된다. 고혈압을 예방하고 치료하기 위해서는 소금 섭취를 줄여 체내의 소듐을 적게 하는 것이 중요하지만, 동시에 세포내액의 주요 양이온인 칼륨의 섭취를 늘리면 세포 내외의 이온 균형이 맞추어져 도움이 된다. 보통 채소가 칼륨 함량이 높다고 알려져 있지만, 대표적 채소인 시금치는 100그램당 칼륨이 710밀리그램인 데 비해 다시마는 6,100밀리그램을 가지고 있어 고혈압에 좋으며, 미역이나 김과 함께 '바다의 채소'라고 불린다. 예전에 일본 텔레비전에서 다시마의 효능을 확인하는 실험이 방송되었다. 고혈압 환자에게 다시마를 하루 30그램씩 2주 동안 먹게 했더니, 최고혈압이 182mmHg(1기압=760mmHg)에서 163mmHg로 떨어졌으며, 최저혈압도 102mmHg에서 92mmHg로 떨어졌다(정상인의 경우 최고혈압은 120mmHg, 최저혈압은 80mmHg이다.). 약이 아닌 식품으로 뚜렷하게 혈압을 떨어뜨렸으니 그 후 다시마가 여러 건강 보조 식품으로 시장에 나온 것도 이해할 만하다.

최근에는 다시마의 항암 효과가 많은 주목을 받고 있다. 대장암을 유발한 실험용 쥐에 다시마를 투여한 결과 대장암 발생이 억제되었다는 연구 결과가 발표되었다. 이러한 항암 작용은 대부분 다시마에 풍부하게 들어 있는 알긴산 등의 섬유질에 의한 것으로 생각된다. 알긴산이 소장에서 암을 일으키는 발암 물질과 결합하여 흡수를 감소시켜서 암 발생을 억제한다는 것이다. 이러한 연구 결과로 볼 때 다시마를 지속적으로 섭취하면 고혈압이나 암 발생을 낮출 수 있으므로, 그 옛날 진시황이 불로장생의 약으로 구하려던 것이 다시마였다는 주장도 일리가 있다.

제로 칼로리 한천의 원료, 우뭇가사리

웰빙 바람이 불면서 음료·식품업체에서는 '제로 마케팅'에 주목했다. 필요 이상의 칼로리를 먹지 않겠다는 소비자를 겨냥하여 적당한 포만감은 주지만 칼로리가 제로인 음료, 간식 등이 출시되고 있다. 이런 이유로 과자, 디저트 등을 만드는 데 많이 이용되는 한천이 새롭게 주목받고 있다.

한천은 우뭇가사리를 원료로 해서 만든다. 우뭇가사리는 김 같은 홍조류인데 바다에서 걷어 햇볕에 널어 말렸다가 삶으면 끈끈한 풀 모양의 액이 된다. 이것을 걸러 굳힌 후 길게 채 썰고 바로 얼려 건조시킨 것이 한천이다. 옛날에는 냉동기가 없었으므로 추운 겨울에 얼려 말렸는데, 추운 하늘을 보게 하며 말렸다는 뜻에서 한천寒天이라는 이름이 유래했다고 한다.

한천을 이용해서 묵이나 젤리를 만들어 보자. 먼저 물을 부어 한두 시간쯤 충분히 불려 두었다가 적당한 길이로 잘라 냄비에 담고 끓인다. 이때 물과 한천의 비율은 98~99.5퍼센트를 물의 양으로 하면 된다. 이렇게 끓인 한천이 식으면 그 속에 물을 가두며 굳어진다. 원료가 되

는 우뭇가사리 자체에 영
양 가치가 전혀 없고, 물
을 가두어 상당한 부피를
갖게 되므로, 먹으면 포
만감을 주면서도 칼로리
가 없는 식품이 된다. 또
한 식이섬유가 풍부해서

△ 우뭇가사리

장운동을 도와 변비 예방에도 좋다. 그러나 제과회사에
서 나오는 젤리나 양갱 등은 맛을 좋게 하기 위해 한천을
끓일 때 설탕을 넣고 나중에 팥앙금, 과즙, 물엿 등을 더
넣기 때문에 그런 효과를 기대하기 어렵다.

한천은 일본에서 만들어진 식품이지만, 옛날 우리 조
상들은 우무로 여름철 웰빙 음식을 만들어 먹었다. 우무
는 한천을 만들 때처럼 우뭇가사리를 말려서 삶아 걸러
낸 액체를 묵처럼 그릇에 굳힌 것이다. 이것을 가늘게 썰
어 차가운 콩국에 띄워 여름철 참으로 먹었다. 또한『해
동죽지』에는 "남해 연안에서 나는 우무로 청포를 만들어
대궐에 진상하기도 하고 팔기도 했다. 잘게 채 썰어 초장
을 넣고 찬 국을 만드니 상쾌하고 더위와 목마름에 좋다."

라고 적혀 있다. 더운 여름철에 수분 공급도 되고 더위도
식혔으니 정말 현명한 여름철 건강 음식이라 하겠다.

제3의 맛, 발효미

2006년 미국의 건강월간지 〈헬스매거진 Health Magazine〉은 한국 김치를 스페인의 올리브유, 그리스의 요구르트, 인도의 렌즈콩(말린 콩 종류), 일본의 콩 식품과 함께 세계의 5대 건강 식품으로 선정했다. 김치는 섬유질과 비타민이 풍부하고 지방이 적기 때문에 한국인의 비만 비율이 낮고, 유산균이 많아 소화를 도와준다. 주재료인 무나 배추 등의 채소가 비타민과 무기질이 풍부하고, 여기에 마늘과 고추, 젓갈이 어우러져 발효됨으로써 유산균이 풍부한 감칠맛 나는 김치가 된다. 젓갈이 우리 김치 맛을 좌우하는 중요한 재료라는 면에서 보면 젓갈을 사용하지 않은 일본의 기무치는 진정한 의미의 김치가 될 수 없다. 젓갈은 어떻게 독특한 맛을 내는 것일까?

　젓갈은 생선이나 조개류의 살, 내장, 알 등에 적당량

의 소금을 뿌려 발효, 숙성시킨 식품이다. 그 과정에서 어패류가 가지고 있는 여러 효소에 의해 단백질이 점차 분해되고 각종 아미노산이 생성되면서 구수한 맛과 독특한 풍미를 갖게 된다. 단백질은 풍부하지만 보관하기 어려운 어패류를 우리 민족은 지혜롭게도 발효시킴으로써 더 가치 높은 상품으로 만든 것이다.

중국에도 젓갈을 뜻하는 지鮨가 있고 베트남의 느억맘, 캄보디아의 프라혹, 보르네오의 자크트 등 동남아시아 여러 나라에도 생선을 소금에 절인 생선간장(어장) 같은 발효 음식 문화가 없지는 않으나 한국 젓갈이 국제적 입맛에 가장 가깝다는 평을 받고 있다. 2001년 유엔 산하 식량기구 주최의 발효 음식 학술 심포지엄에서도 한국 젓갈이 유산균과 무기질, 비타민 등 영양소가 풍부하며 뛰어난 발효미味를 가지므로 국제적인 성장 가능성이 큰 식품이라고 했다. 사람이 느끼는 맛은 짠맛의 소금, 단맛의 감초 등과 같은 자연 상태의 제1의 맛에서 맛의 변화를 추구하여 만들어 낸 소스, 드레싱 같은 가공된 제2의 맛을 거쳐 제3의 맛인 발효미 쪽으로 옮겨 가고 있다. 발효 식품이 건강 식품으로 부각되면서 이제 김치는 세계 어느 곳에서나 살 수 있는 세계의 맛으로 떠오르고 있다. 한번 맛을 들이면 중독된 것처럼 계속 찾게 되는 것이 발효 음식의 특징이다. 젓갈은 김치 맛을 내는 필수 원료일 뿐만 아니라 밑반찬으로도 훌륭하다. 김이 모락모락 피어오르는 쌀밥에 살짝 올려 먹는 매콤하고 짭조름한 조개젓, 어리굴젓, 명란젓은 생각만 해도 군침이 돌지 않는가?

우리가 원조인 젓갈, 어떻게 더 발전시킬까?

중국의 옛 문헌을 보면 중국 젓갈은 한국에서 전래된 것으로 나와 있다. 한나라 무제가 동쪽 오랑캐(중국인은 흔히 우리 민족을 동쪽 오랑캐라는 뜻으로 '동이'라고 불렀다.)를 쫓아 산둥반도 황해 바닷가에 이르렀을 때 어디선가 흘러드는 냄새가 기가 막히게 좋아 시종을 시켜 냄새의 원천을 찾아보니, 어부들이 소금으로 버무린 고기 내장 항아리를 땅에 묻어 삭혀서 꺼내 먹는 젓갈 냄새였다는 것이다. 그래서 이 음식의 이름을 오랑캐를 쫓다가 얻은 음식이라는 뜻으로 '축이逐夷'라고 불렀다고 한다. 이것으로 미루어 젓갈은 원래 한국 고유의 음식임을 알 수 있다. 또한 『삼국

사기』에 보면 신라 신문왕이 왕비를 맞을 때 폐백 음식으로 보낸 물품에 젓갈이 들어 있으니 한국의 젓갈 역사는 정말 유구하다. 그래서인지 재료나 담그는 시기에 따라 젓갈의 종류도 헤아릴 수 없이 많다. 옛날 법도 있는 집 마님은 36가지 장, 36가지 김치, 36가지 젓갈을 담글 줄 알아야 한다고 했을 정도이다. 이 중 대표적인 것을 살펴보면 김치에는 주로 새우젓 · 멸치젓 · 까나리액젓 등이 쓰인다. 밑반찬으로는 굴에다 소금 · 고춧가루 · 파 · 마늘 · 무를 넣어 담근 어리굴젓과 명태알로 담근 명란젓이 대표적이다. 또한 명태의 내장과 알집을 썰어 소금 · 파 · 마늘 · 생강 · 엿기름 등을 넣어 숙성시킨 창난젓, 게에다 끓여 식힌 간장을 부어 숙성시킨 게젓, 이 외에도 오징어

젓·조개젓·곤쟁이젓 등이 있다.

　한국에 이처럼 다양한 젓갈이 발전하게 된 것은 쌀밥 위주의 우리 음식 문화와도 관련이 있다. 사실 쌀은 빵을 만드는 밀 같은 식품에 비해 단백질의 양이나 질이 우수하다. 그래서 특별한 반찬을 먹지 못했던 옛날 우리 민족이 빵이 아닌 밥을 먹고 살았다는 것은 다행한 일인지도 모른다. 그리고 쌀밥에서 부족한 라이신, 트레오닌 같은 아미노산을 콩을 이용한 된장, 간장 등의 장류와 젓갈로 현명하게 보충했다. 세계 어디에서도 남부럽지 않은 체력을 가진 우리는 조상님에게 감사해야 한다.

　그러나 젓갈은 대부분 매우 짜기 때문에 많이 먹으면 소금을 과다 섭취하게 되어 성인병의 원인이 된다는 지적도 있다. 냉장 시설이 발달한 요즘은 옛날과는 달리 소금을 적게 써도 오래 보관할 수 있기 때문에 소금 양을 줄여 젓갈을 만든다.

바다는 인류의 출현 이래 중요한 식량의 공급원이 되어 왔다. 세계 인구가 점점 늘어남에 따라 필요한 식량의 양도 늘고 식량 공급원으로서 바다의 역할도 점점 중요해질 것이다. 이러한 중요성 때문에 현재 124개국이 배타적 경제수역을 정하여 수산자원 전쟁을 본격적으로 시작했으며, 해양 식량을 둘러싼 어업권이 국가 간 분쟁의 중요한 요인이 되었다. 우리나라의 연안 수산자원은 그동안의 남획으로 생산성이 낮은 반면, 국민 일인당 연간 수산물 소비량은 2005년 기준 48.1킬로그램으로 거의 세계 최대 소비국이다. 따라서 부족한 수산자원을 보충하기 위해 매년 100만 톤 이상을 외국에서 수입하고 있다.

바다에서 나는 수산물에는 육상에서 얻는 식량과 다른 영양 성분이 많아서 여러 가지 건강상의 이점이 부각되고 있다. 그러면 바다에서 더 많은 식량과 질 좋은 영양원을 얻으려면 어떻게 해야 할까? 최근 조사에 따르면 대구 · 연어 · 다랑어 · 황새치 등 일부 고급 어종은 남획으로 인해 이미 90퍼센트 정도가 감소했고, 우리나라에서도 전통 수종인 영덕 대게, 동해안 명태 등의 어종이 고갈 위기에 있다. 따라서 그동안 집중적으로 어획된 수산자원은 여러 나라가 함께 관리해야 한다. 이런 노력의 일환으로 연어의 인공 방류 등을 국제적으로 하고 있다. 앞으로 어획량을 증가시키려면 새로운 도구·어법·어장 개척 외에도 수산자원이 남획된 연근해의 자원과 생태 환경을 복원하여 생산력을 높여야 한다. 그래서 현재 수산자원을 지속적으로 생산할 수 있는 바다목장 조성이나 유전공학 기법을 이용해 신품종 어류, 우량종을 개발함으로써 생산성을 높이기 위해 힘쓰고 있다.

▽ 바다목장 안의 인공 바다숲.

사진에 도움을 주신 분

_강영삼 물고기 떼(8쪽), 조기(56쪽), 새우(74쪽), 조개무지(85
    쪽), 바지락(89쪽), 오징어 떼(100쪽), 물속의 해조(111
    쪽), 미역(113쪽).
_김병일 갈치(58쪽).
_김억수 멸치 떼(41쪽), 연어(50쪽), 홍합(89쪽), 문어(106쪽),
    다시마(119쪽).
_김웅서 염전(14쪽), 고등어 떼(39쪽), 죽방렴(42쪽), 조기를 건
    조하는 모습(56쪽), 갑각류(72쪽), 게(79쪽), 게의 암수
    구별(80쪽), 꽃게·왕게·대게·털게(82쪽), 바닷가 굴
    (95쪽), 오징어를 말리는 모습(102쪽), 낙지(105쪽), 마
    른 다시마(120쪽).
_김지현 복어(64쪽).
_노세윤 뱀장어(67쪽).
_명정구 보리새우(75쪽), 고둥(89쪽), 전복(93쪽), 바다목장 안
    의 인공 바다숲(131쪽).
_박흥식 참치 떼(45쪽).
_손영목·송호복 어린 실뱀장어(67쪽).
_오정희 황태 덕장(61쪽).
_옥정현 우뭇가사리(123쪽).
_이광삼 푸른 바다(7쪽), 방추형의 참치들(46쪽).

_조현경 다양한 마른멸치(43쪽), 생선 알을 이용한 초밥(69쪽),

모시조개, 대합, 꼬막(89쪽), 굴(96쪽), 꼴뚜기(103쪽),

마른 김(117쪽), 여러 가지 젓갈(128쪽).

_최동욱 알에서 부화한 연어, 어린 연어(53쪽).

김미리·송효남,『현대인의 음식보감』, 교문사, 2004.

김소미·김은희·박세영·최선혜,『우리생선 이야기』, 효일, 2002.

김웅서·강성현,『해양개발의 현재와 미래』, 한국해양연구원, 2005.

마귈론 투생-사마/이덕환 옮김,『먹거리의 역사』, 까치글방, 2002.

박수현,『재미있는 바다생물 이야기』, 추수밭, 2006.

박태선·김은경,『현대인의 생활영양』, 교문사, 2000.

아트미스 시모포로스/홍기훈·김혜경 옮김,『오메가 다이어트』, 따님, 2003.

윤선 외,『기능성식품학』, 라이프사이언스, 2006.

이성우,『한국요리문화사』, 교문사, 1985.

이영은·홍승헌,『한방식품재료학』, 교문사, 2003.

장순근·김웅서,『바다는 왜?』, 지성사, 2000.

장유경·권종숙·조여원·김경민·김혜경,『임상영양학』, 신광출판사, 2006.

장유경·박혜련·변기원·이보경·권종숙,『기초영양학』, 교문사, 2006.

최진호, 『바다음식을 먹어야 하는 101가지 이유』, 교문사, 1996.

최혜미 외, 『21세기 영양과 건강 이야기』, 라이프사이언스, 2006.

최혜미 외, 『21세기 영양학』, 교문사, 2006.

피에르 라즐로/김병욱 옮김, 『소금의 문화사』, 가람기획, 2001.

한복려, 『우리가 정말 알아야 할 우리 음식 백 가지』, 현암사, 1998.

한복려, 『한복려의 "밥"』, 뿌리깊은나무, 1991.

전상린 · 제종길 · 김일회 · 오윤식 감수, 『해양생물대백과』, 한국해양연구원, 2004.

Barry Sears, 『The Omega Rx Zone』, Regan Books, 2002.

인터넷 웹사이트

농촌자원개발연구소 http://www.rrdi.go.kr